高职高专"十一五"规划·标准化教材

单片机原理与仿真设计

叶 钢 李三波 张 莉 编著

北京航空航天大学出版社

内 容 简 介

本书是一本面向高职高专电子类、机电类及计算机类等专业的教学而专门编写的书。在内容编排上针对"高职高专"的教学特点,融"教、学、做"为一体,从基础着手,知识面广,举例丰富,实用性强,尤其通过大量的实例介绍了如何利用 Proteus 软件支持单片机与其外围电路协同仿真的功能来进行单片机教学,使抽象的原理变得生动易学,便于教师的教学工作,也便于单片机初学者的学习与动手能力的加强。

本书分为 9 章:第 1～3 章介绍单片机的硬件知识以及单片机仿真软件 Proteus 与编译器的使用,第 4、5 章介绍单片机指令系统与程序设计,第 6～8 章讲述单片机的定时器/计数器、中断系统以及串行口的组成与应用,第 9 章主要阐述了单片机的系统扩展与外围接口的应用。除第 1 章外,其余各章都至少配置了一个仿真实例,便于教师开展项目式教学和学生的自学。

本书重基础,针对性强,选材合理,讲解规范清楚,既可作为高职高专院校单片机课程的教材,也可供给对单片机有兴趣的学生和其他非专业人员学习。

图书在版编目(CIP)数据

单片机原理与仿真设计/叶钢,李三波,张莉编著.

北京:北京航空航天大学出版社,2009.4

ISBN 978-7-81124-613-1

Ⅰ.单… Ⅱ.①叶…②李…③张… Ⅲ.①单片微型计算机—基础理论—高等学校:技术学校—教材②单片微型计算机—计算机仿真—高等学校:技术学校—教材

Ⅳ.TP368.1

中国版本图书馆 CIP 数据核字(2009)第 016226 号

单片机原理与仿真设计

叶 钢 李三波 张 莉 编著

责任编辑 李文轶

*

北京航空航天大学出版社出版发行

北京市海淀区学院路 37 号(100191) 发行部电话:(010)82317024 传真:(010)82328026

http://www.buaapress.com.cn E-mail:bhpress@263.net

北京时代华都印刷有限公司印装 各地书店经销

*

开本:787 mm×1 092 mm 1/16 印张:14.25 字数:365 千字

2009 年 4 月第 1 版 2009 年 4 月第 1 次印刷 印数:4 000 册

ISBN 978-7-81124-613-1 定价:22.00 元

前　　言

近年来电子技术和自动控制技术发展日新月异。单片机由于其功能强、体积小、价格低和稳定性好等优点,应用领域不断扩大,目前已在计算机外部设备、通信、智能仪表、过程控制、家用电器和航空航天系统等各个领域得到广泛应用。

单片机是一门实践性较强的课程,实验在其教学中有着不可替代的地位。然而在传统的单片机教学环境中,师生往往只能写软件程序而无法展示实验过程及其结果;而且在传统的单片机教学实验中,也只能采用硬件仿真器、实验箱或实验板及大量昂贵的硬件设备。这些都使得高职高专的单片机教学陷入困境。

教育部 2006 年 11 月 16 日颁布的《关于全面提高高等职业教育教学质量的若干意见》一文中指出:加大课程建设与改革的力度,增强学生的职业能力;要充分利用现代信息技术,开发虚拟工厂、虚拟车间、虚拟工艺、虚拟实验。

在此背景下,针对高职高专院校单片机的诸多困惑特意编写此书。

本书在编写的过程中主要有以下几个特点:

1. 本书力求做到通俗性、可读性、阶梯性和实用性。借助于仿真软件 Proteus,融"教、学、做"为一体,使抽象的原理变得生动易学,便于教师的教学工作,强化学生动手能力的培养,也便于单片机初学者的学习。

2. 改变了传统的单片机教学方式。通过以仿真软件 Proteus 为辅助工具,在不需要任何硬件投入的前提下,使得高职高专的单片机教学变得形象生动并具有可操作性。这种编写方式,解决了长期以来困扰单片机教学的软硬件结合的难题。

3. 本书在编写的过程中理论联系实际,把单片机的硬件和软件结合起来。硬件以单片机为主要器件,其他元件作为辅助器件形成一个完整的硬件系统。

4. 本书一共配置了 10 个仿真实例,便于教师开展项目式教学和学生自学。

本书第 1、3 章由李三波老师编写,第 2、4、5 章由张莉老师编写,第 6、7、8、9 章由叶钢老师编写。叶钢老师拟定了编写提纲,并负责全书的定稿工作。本书在编写过程中得到了丽水职业技术学院机电信息分院电子教研室全体老师的帮助,在此表示感谢。

由于缺乏经验和水平所限,错误难免,敬请读者指正。

作　者

2009 年 1 月

注:本书配有教学课件,购买本书的授课教师可通过 bhkejian@126.com 或 010－82317027 免费索取,非常感谢您对北航出版社图书的关注与支持!

目　　录

第 1 章 单片机概述

众所周知,近几十年来微型计算机的发展速度是十分迅速的,其发展方向主要有两个方面:其一是不断推出高性能的通用微型计算机系统。从 20 世纪 80 年代的 286、386 直到今天的 P4,字长已从原来的 8 位扩展到 64 位;CPU 的处理速度和处理能力大大增强;先进的系统结构,使微型计算机适合组成网络。通用微型计算机系统主要用于信息管理、科学计算、辅助设计和辅助制造等。其二是面向控制型应用领域的单片微型计算机的大量生产和广泛应用。如 Intel、Zilog 和 NEC 等公司都生产单片微型计算机。

由于单片微型计算机具有可靠性高、体积小、价格低和易于产品化等特点,因而在智能仪器仪表、实时工业控制、智能终端、通信设备、导航系统和家用电器等自控领域获得广泛应用。

1.1 单片机基础知识

1.1.1 什么是单片机

单片微型计算机简称单片机。由于它的结构及功能均按工业控制要求设计,因此其确切的名称应是单片微控制器。

单片机是把中央处理器 CPU、随机存取存储器 RAM、只读存储器 ROM、I/O 接口电路、定时器/计数器以及串行通信接口等集成在一块芯片上,构成一个完整的微型计算机,故又称为单片微型计算机。

1.1.2 单片机的历史发展

单片机出现的历史并不长,它的产生与发展和微处理器的产生与发展大体同步,其间经历了如下四个阶段。

第一阶段(1971—1974 年):1971 年 11 月美国 Intel 公司首先设计出集成度为 2 000 只晶体管/片的 4 位微处理器 Intel4004,并且配有随机存取存储器 RAM、只读存储器 ROM 和移位寄存器等芯片,构成第一台 MCS-4 微型计算机;1972 年 4 月 Intel 公司又研制成功了处理能力较强的 8 位处理器 Intel8008。这些微处理器虽说还不是单片机,但从此拉开了研制单片机的序幕。

第二阶段(1974—1978 年):初级单片机阶段。以 Intel 公司的 MCS-48 为代表,这个系列单片机内集成有 8 位 CPU、I/O 接口、8 位定时器/计数器,寻址范围不大于 4 KB,且无串行口。

第三阶段(1978—1983 年):高性能单片机阶段。在这一阶段推出的单片机普遍带有串行 I/O 口、多级中断处理系统和 16 位定时器/计数器。单片机内 RAM 和 ROM 容量加大,且寻址范围可达 64 KB,有的片内还带有 A/D 转换器接口。这类单片机有 Intel 公司的 MCS-51、

Motorola 公司的 6801 和 Zilong 公司的 Z80 等。这类单片机的应用领域极其广泛，它的各类产品仍然是目前国内外产品的主流，其中 MCS-51 系列产品，以其优良的性能价格比，成为我国广大科技人员的首选。

第四阶段(1983—现在)：8 位单片机巩固发展及 16 位单片机推出阶段。此阶段单片机的主要特征为：一方面发展 16 位单片机及专用单片机；另一方面不断完善高档 8 位单片机，改善其结构，以满足不同的用户需要。

纵观单片机 30 多年的发展历程，单片机今后将向多功能、高性能、高速度、低电压、低功耗、低价格、外围电路内装化以及内存储器容量增加的方向发展，但其位数不一定会继续增加，尽管现在已经有 32 位单片机，但使用的并不多。今后的单片机将功能更强、集成度和可靠性更高、功耗更低以及使用更方便。此外，专用化也是单片机的一个发展方向，针对某一用途的专用单片机将会越来越多。

1.2　MCS-51 系列单片机简介

1.2.1　MCS-51 系列单片机

Intel 公司于 1980 年推出了 MCS-51 系列单片机，它是一种高性能的 8 位单片机，其典型产品为 8051，封装为 40 引脚。其芯片内部集成如下。

- 8 位 CPU；
- 4 KB 的片内程序存储器(片内 ROM)；
- 128 Byte(字节，简记为 B)的片内数据存储器(片内 RAM)；
- 64 KB 的片外程序存储器(片外 ROM)的寻址能力；
- 64 KB 的片外数据存储器(片外 RAM)的寻址能力；
- 32 根输入/输出线；
- 1 个全双工异步串行口；
- 2 个 16 位定时器/计数器；
- 5 个中断源，2 个优先级。

MCS-51 系列单片机采用 HMOS(如 8051)和 CHMOS(如 80C51)工艺。8051 和 80C51 这两种单片机完全兼容。CHMOS 单片机工艺先进，它综合了 HMOS 工艺的高速度和 CMOS 工艺的低功耗特点。

MCS-51 系列单片机按片内有无程序存储器及程序存储器的形式分为 4 种基本产品：8031、8051、8751 和 8951。其中，8031 单片机片内没有程序存储器(ROM)，必须在单片机外扩展 EPROM 后，才能使用；8051 单片机片内含有 4 KB 的 ROM，ROM 中的程序是由单片机芯片生产厂固化的，适合于大批量的产品；8751 单片机片内含有 4 KB 的 EPROM，单片机应用开发人员可以把编写好的程序用开发机或编程器写入其中，需要修改时，可以先用紫外线擦除，然后再写入新的程序；8951 单片机片内含有 4 KB 的 EEPROM 或 Flash ROM。

总的来说，MCS-51 是一个具有多种芯片型号和多种类型的单片机系列产品，可分为两个子系列，如表 1-1 所列。

表 1 - 1　MCS - 51 系列单片机

子系列 资源配置	片内 ROM 形式				片内 ROM 容量/KB	片内 RAM 容量/B	定时器/ 计数器	中断源
	无	ROM	EPROM	EEPROM				
MCS - 51 子系列	8031	8051	8751	8951	4	128	2×16	5
MCS - 52 子系列	8032	8052	8752	8952	8	256	3×16	6

　　MCS - 52 子系列也包含 4 种产品,分别是 51 子系列的增强型。由于资源数量的增加,芯片的功能有所增强。片内 ROM 容量从 4 KB 增加到 8 KB;RAM 容量从 128 B 增加到 256 B;定时器/计数器数目从 2 个增加到 3 个;中断源从 5 个增加到 6 个等。

1.2.2　其他 51 系列单片机

1. AT89 系列单片机

　　AT89 系列单片机是美国 Atmel 公司的 8 位 Flash 单片机产品。它以 MCS - 51 为内核,与 MCS - 51 系列的软硬件兼容。该系列有着十分广泛的用途,特别是在便携、省电、特殊信息保存的仪器和系统中显得更为有用。

　　(1) AT89 系列单片机的特点

　　① 片内含有 Flash 存储器　由于片内含 Flash 存储器,因此在系统开发过程中可以十分容易地进行程序的修改。同时,在系统工作的过程中,能有效地保存数据信息,即使外界电源损坏也不影响信息的保存。

　　② 和 AT80C51 插座兼容　AT89 系列单片机的引脚与 MCS - 51 系列单片机的引脚是一样的。只要用相同引脚的 AT89 系列单片机就可以取代 MCS - 51 系列单片机。

　　③ 静态时钟方式　AT89 系列单片机采用静态时钟方式,节省电能,这对于降低便携式产品的功耗十分有用。

　　(2) AT89 系列单片机的概况

　　AT89 系列单片机主要有 7 种型号,分别为 AT89C51、AT89LV51、AT89C52、AT89LV52、AT89C2051、AT89C1051 和 AT89S8252。其中,AT89C51 和 AT89LV52 分别是 AT89C52 和 AT89LV51 的低电压产品,最低电压可以置 2.7 V,而 AT89C2051 和 AT89C1051 则是低档型的低电压产品,它们只有 20 个引脚,最低电压也为 2.7 V,如表 1 - 2 所列。

表 1 - 2　AT89 系列单片机常用产品特性一览表

型　号	AT89C51	AT89C52	AT89C1051	AT89C2051	AT89S8252
Flash/KB	4	8	1	2	8
片内 RAM/B	128	256	64	128	256
I/O 口线	32	32	15	15	32
定时器/计数器	2	3	1	2	3
中断源	6	8	3	6	9
串行接口	1	1	1	1	1
EEPROM/KB	无	无	无	无	2

2. 其他 MCS-51 系列兼容单片机

为了进一步增强 MCS-51 系列单片机的功能，一些单片机生产厂商还对 MCS-51 系列单片机的硬件进行了扩充。如 Philips 的 8XC552 系列，它在 80C51 的基础上增加了一个 16 位的定时器/计数器，增加了一个 8 路输入的 10 位 A/D 转换器，并配有串行总线接口；Intel 公司的 80C51GA/GB 也增加了 A/D 转换功能。

1.3 单片机的应用

1.3.1 单片机的单机应用

单片机的单机应用指在一种应用系统中，只适用一块单片机，这是目前应用最多的方式。单机应用的主要领域有几个方面。

1. 智能产品

单片机与传统的机械产品相结合，使传统机械产品结构简化、控制智能化，构成新一代的机、电一体化产品。例如，在电传打字机的设计中，采用了单片机可取代近千个机械部件；用单片机控制缝纫机可实现多功能自动操作、自动调速及控制缝绣花样的选择。

2. 智能仪表

用单片机改造原有的测量和控制类仪表，能促进仪表向数字化、智能化、多功能化、综合化和柔性化方向发展，使长期以来未能解决的测量仪器中的误差修正和线性化处理等难题也可迎刃而解。由单片机构成的智能仪表集测量、处理和控制功能于一体，赋予测量仪表以崭新的面貌。单片机智能仪表的这些特点不仅使传统的仪器和仪表发生根本的变革，也给传统的仪器和仪表行业进行技术改革带来曙光。

3. 测控系统

用单片机可以构成各种工业控制系统、自适应控制系统和数据采集系统等。这个领域通常采用通用的 CPU 单片机或通用的计算机系统。随着单片机技术的发展，大部分都可以用单片机系统或单片机加通用机系统来代替。例如，温室人工气候控制、水闸自动控制、电镀生产线自动控制及汽轮机电液调节系统等。

4. 数控控制机

目前，机床数控系统可采用单片机以提高其可靠性及增强系统功能，降低控制成本。例如，在两坐标的连续控制系统中，用 8031 单片机组成的系统代替 Z-80 单片机系统，在完成同样功能条件下，其程序长度可减少 50%，从而提高了运行速度。

5. 智能接口

计算机系统，特别是较大型的工业测控系统中，除通用外部设备（如打印机、键盘、磁盘和 CRT）外，还有许多外部通信、采集、多路分配管理和驱动控制等接口。这些外部设备与接口如果完全由主机进行管理，势必造成主机负担过重，降低运行速度，接口的管理水平也不可能提高。如果用单片机进行接口的控制与管理，则单片机与主机可并行工作，大大提高了系统的运行速度。同时，由于单片机可对接口信息进行加工处理，因此可以大量减少接口界面的通信密度，极大地提高接口控制管理水平。例如，在大型数据采集系统中，用单片机对模/数转换接口进行控制不仅可提高采集速度，还可对数据进行预处理，如数字滤波、线性化处理及误差修正等。在通信接口中,采用单片机可对数据进行编码解码、分配管理、接收/发送控制等。

一些通用计算机外部设备已实现了单片机的键盘管理、打印机和绘图机控制、硬盘驱动控制等。

1.3.2 单片机的多机应用

单片机的多机应用是单片机在高科技领域中应用的主要模式。单片机的高可靠性、高控制功能及高运行速度的"三高"技术必然使得未来的高科技工程系统主要采用单片机多机系统。

单片机的多机应用系统可分为功能弥散系统、并行多机控制系统以及局部网络系统。

1. 功能弥散系统

功能弥散系统是为了满足工程系统各种外围功能要求而设置的多机系统。例如,一个加工中心的计算机系统除完成机床加工运行控制外,还要控制对刀系统、坐标指示、刀库管理、状态监视及伺服驱动等机构。只有一个控制主机时,主机要分时去完成这些任务,必然使各个功能处于低级智能水平。如果每个功能都由一个独立的单片机来完成,主机负责协调、调度,则每个功能都可表现出高智能水平。所谓功能弥散是指工程系统中可以在任意环节上设置单片机功能子系统,它体现了多机系统的功能分布。

机器人的计算机多机控制系统是一个典型的功能弥散系统。机器人的感觉系统、姿态控制系统、遥控系统和行走控制系统都可以分别由一个单片机应用系统承担,它们之间的协调管理也采用一个单片机应用系统来完成。这样,用 5 个单片机即可构成一个机器人的计算机简易控制系统。

2. 并行多机控制系统

并行多机控制系统主要解决工程系统的快速性要求,以便于构成大型实时工程系统,典型的有快速并行数据采集、处理系统及实时图像处理系统等。

对于,大型工程结构的动态应力分布测量,当测量点过多时,即使采用高速巡回检测系统也不可避免会出现较大的非同一性状态误差。如果使每一个采集通道或每一组采集通道用一个单片机构成一个独立的采集、处理单元,在主机管理下,不仅可实现多点的快速采集,而且还可以分别对所采集的数据进行预处理。并行多机数据采集系统的快速性除了单片机本身的运行速度高外,主要是依靠多机的并行工作取得。

3. 局部网络系统

单片机网络系统的出现,使单片机应用进入了一个新的水平。目前,单片机构成的网络系统主要是分布式测控系统。单片机主要用于系统中的通信控制以及构成各种测控子站系统。

典型的分布式测控系统有两种类型:树状网络系统和位总线(bit bus)网络系统。

通信控制总站设有标准总线和串行总线与主机相连。主机可使用一般通用计算机系统,享用分布式测控系统中所有的信息资源,并对其进行调度、指挥。通信控制总站是一个单片机应用系统,除了完成主机对各功能子站的通信控制外,还协助主机对各功能子站的协调、调度,大大减轻了主机的通信工作量,从而实现主机的间歇工作方式。通信控制总站通过串行总线与各个安放在现场的具有特定测控功能的子站系统相连,形成主—从式控制模式。通信总站到功能子站的通信介质形式可以多样,从无线到有线。有线介质可以是双绞线、同轴电缆或光导纤维,也可以借助于电话线路或电力线路进行通信。

测控功能子站分布在现场,按照功能要求设置,可以是模拟量数据采集系统、数字(脉冲频率)量采集系统或开关量监测系统,也可以是开关量输出控制或伺服控制系统等。

位总线(bit bus)分布式测控系统是 Inter 公司于 1984 年推出的一个典型的通用分布式微型计算机控制系统。构成该系统的核心芯片是 Inter 公司的 RUPI - 44 系列单片机 8044/8744/8344。它是一个双单片机结构,其中一个为 8051/8751,另一个用以构成 SDLC/HDLC 串行接口部件(SIU)。片内程序存储器中装有加电诊断、任务管理、数据传送和对用户透明的并行、串行通信服务程序。

1.3.3　单片机应用系统的分类

按照单片机系统扩展与系统配置状况,单片机应用系统可分为最小应用系统、最小功耗系统及典型应用系统等。

1. 最小应用系统

最小应用系统是指能维持单片机运行的最简单配置的系统。这种系统成本低廉、结构简单,常构成一些简单的控制系统,如开关状态的输入/输出控制等。

片内有 ROM/EPROM 的单片机,其最小应用系统即为配有晶振、复位电路、电源的单个单片机。

片内无 ROM/EPROM 的单片机,其最小应用系统除了外部配有晶振、复位电路、电源外,还应外接 EPROM 或 EEPROM 作为程序存储器用。

2. 最小功耗应用系统

最小功耗应用系统是指在保证正常运行时使系统的功率消耗最小,是单片机应用系统中的一个引人注目的构成方式。在单片机芯片结构设计时,一般都为构成最小功耗应用系统提供了必要的条件。例如,各种系列的单片机都有 CMOS 工艺的供应状态,而且在这类单片机中都设置了低功耗运行的 Wait 和 Stop 方式。

设计最小功耗应用系统时,必须使系统内的所有器件和外设都有最小的功耗,而且能充分运用 Wait 和 Stop 方式。

最小功耗应用系统常用在一些袖珍式智能仪表、野外工作仪表以及在无源网络和接口中的单片机工作子站。

3. 典型应用系统

典型应用系统是指单片机要完成工业测控功能所必须具备的硬件结构系统。由于单片机主要用于工业测控,因此其典型应用系统应具备用于测控目的的前向传感器通道、后向通道以及基本的人机对话手段。它包括了系统扩展与系统配置两部分内容。

系统扩展是指在单片机中 ROM、RAM 及 I/O 接口等片内部件不能满足系统要求时,在片外扩展相应的部分。扩展多少,视需要选择。

系统配置是指单片机为满足应用要求时应配置的基本外部设备,如键盘、显示器等。

基本部分主要是计算机外围芯片的扩展及功能键盘、显示器的配置,通过内总线连接而成。

测控增强部分主要是传感器与伺服驱动控制接口,且直接与工业现场相连,是重要的干扰进入渠道,一般都要采取隔离措施。

外设增强部分主要是外设接口,通常采用标准外部总线,如 RS - 232C 通用串行接口、

IEEE - 488 仪器接口和圣特尼克(Centronic)打印机接口等。

外部设备配置的接口可以通过 I/O 接口或扩展的 I/O 接口构成,通常可接打印机、绘图机、磁带机甚至 CRT 等。测控接口一般为输入采集与输出控制。

对于数字量(频率、周期、相位、计数)的采集,其输入较简单。数字脉冲可直接作为计数输入、测试输入、I/O 接口输入或中断源输入进行事件计数、定时计数,实现脉冲的频率、周期、相位及计数测量。模拟量的采集应通过 A/D 变换后,送入总线接口、I/O 接口或扩展 I/O 接口,并配以相应的 A/D 转换控制信号及地址线,而开关量的采集则一般是通过 I/O 接口线或扩展 I/O 接口线。

应用系统可根据任何一种输入条件或内部运行结果进行输出控制。开关量输出控制有时序开关、逻辑开关及信号开关阵列等。通常,这些开关量也是通过 I/O 接口或扩展 I/O 接口输出。模拟量的输出控制常为伺服驱动控制。控制输出通过 D/A 变换后送入伺服驱动电路。

1.3.4　单片机应用系统的构成方式

单片机在构成应用系统时,目前有三种方式可供选择。

1. 专用系统

系统的扩展与配置完全按照应用系统的功能要求进行设计。硬件系统的性能/配置比近于 1。因系统中只配备应用软件,故系统有最佳配置,系统的软、硬件资源能获得充分利用,但这种系统无自开发能力。采用这种方式要求有较强的硬件开发基础。

2. 模块化系统

鉴于单片机应用系统的系统扩展与配置电路具有典型性,因此有些厂家常将这些典型配置做成用户系列板供用户选择使用。用户可根据应用系统的需要选择适当的模块板组合成各种测控系统。有些用户系列板在结构上做成 STD 总线式。模块化结构是中、大型应用系统的发展方向,它可以大大减少用户在硬件开发上投入的力量。目前,我国单片机应用系统模块化产品水平尚不高,软、硬件配套工作还不完善,有待进一步发展。

3. 单片单板机系统

受通用 CPU 单片机的影响,国内有用单片机来构成单片单板机的情形,其硬件按照典型应用系统配置,并配有监控程序,具有自开发能力。但是,单板机的固定结构形式常使应用系统不能获得最佳配置。产品批量大时,软、硬件资源浪费较大,但可大大减少系统研制的硬件工作量,并且具有二次开发能力。

习　题

1. 什么叫单片机? 它由哪些主要部分构成? 除了"单片机"之外,单片机还可以叫什么?

2. 8051 单片机的特点是什么?

3. 8031、8051、8751 以及 8951 单片机的主要区别是什么?

4. 与 8051 相比,80C51 的最大特点是什么?

5. AT89 系列单片机的特点是什么?

- Junction dot 按钮✚:在原理图中标注连接点。
- Wire label 按钮▦:标志线段(为线段命名)。
- Text script 按钮▨:在电路图中输入脚本。
- Bus 按钮✚:在原理图中绘制总线。
- Sub – circuit 按钮▯:绘制子电路块。
- Instant edit mode 按钮▶:可以单击任意元器件并编辑元器件的属性。
- Inter – sheet terminal 按钮▤:"对象选择器"列出各种终端(输入、输出、电源和地等)。
- Device Pin 按钮▷:"对象选择器"将出现各种引脚,例如普通引脚、时钟引脚、反电压引脚和短接引脚等。
- Simulation graph 按钮▧:"对象选择器"出现各种仿真分析所需的图表,例如模拟图表、数字图表、噪声图表、混合图表和 A/C 图表等。
- Tape recorder 按钮▥:当对设计电路分割仿真时采用此模式。
- Generator 按钮◎:"对象选择器"列出各种激励源,例如正弦激励源、脉冲激励源、指数激励源和 FILE 激励源等。
- Voltage probe 按钮↗:可在原理图中添加电压探针,电路进行仿真模式时可显示各探针处的电压值。
- Current probe 按钮↗:可在原理图中添加电流探针,电路进行仿真模式时可显示各探针处的电流值。
- Virtual instrument 按钮▣:"对象选择器"列出各种虚拟仪表,例如示波器、逻辑分析仪、定时器/计数器和模式发射器等。

除上述工具按钮外,系统还提供了如下的 2D 图形模式工具按钮。

- 2D graphics line 按钮╱:直线按钮,用于创建元器件或表示图表时的绘制线。
- 2D graphics box 按钮■:方框按钮,用于创建元器件或表示图表时的绘制方框。
- 2D graphics circle 按钮◯:圆按钮,用于创建元器件或表示图表时的绘制圆。
- 2D graphics arc 按钮◠:弧线按钮,用于创建元器件或表示图表时的绘制弧线。
- 2D graphics path 按钮∞:任意形状按钮,用于创建元器件或表示图表时的绘制任意形状图标。
- 2D graphics test 按钮**A**:文本编辑按钮,用于插入各种文字说明。
- 2D graphics symbol 按钮▤:符号按钮,用于选择各种符号元器件。
- Markers for component origin etc 按钮✚:标记按钮,用于产生各种标记图标。

对于具有方向性的对象,系统还提供了各种块旋转工具按钮。

- Set rotation 按钮↻和↺:方向旋转按钮,以 90°偏置改变元器件的放置方向。
- Horizontal reflection 按钮→:水平镜像旋转按钮,以 Y 轴为对称轴,按 180°偏置旋转元器件。
- Virtical reflection 按钮↕:垂直镜像旋转按钮,以 X 轴为对称轴,按 180°偏置旋转元器件。

在某些状态下,"对象选择器"有一个 Pick 切换按钮,单击该按钮可以弹出 Pick Devices、Pick Port、Pick Terminals、Pick Pins 或 Pick Symbols 对话框,用来分别添加元器件端口、终端、引脚或符号到"对象选择器"中,以便在今后的绘图中使用。

如图 2－2 所示,Proteus ISIS 的菜单栏包括 File(文件)、View(视图)、Edit(编辑)、Library(库)、Tools(工具)、Design(设计)、Graph(图形)、Source(源)、Debug(调试)、Template(模板)、System(系统)和 Help(帮助)。单击任一主菜单后都将弹出其子菜单,Proteus ISIS 完全符合 Windows 菜单风格。这些主菜单的功能如下。

图 2－2　菜单和工具栏

● File:包括常用的文件功能,如打开新的设计、加载设计、保存设计、导入/导出文件,也可打印、显示最近使用过的设计文档,以及退出 Proteus ISIS 系统等。

● View:包括是否显示网格、设置格点间距、缩放电路图及显示与隐藏各种工具栏等。

● Edit:包括撤销/恢复、查找、编辑、剪切、复制、粘贴元器件及设置多个对象的叠层关系等。

● Library:包括添加、创建元器件/图标及调用库管理器。

● Tools:包括实时标注、实时捕捉及自动布线等。

● Design:包括编辑设计属性、编辑图纸属性和进行设计注释等。

● Graph:包括编辑图形、添加 Trace、仿真图形和分析一致性等。

● Source:包括添加/删除源文件、定义代码生成工具和调用外部文本编辑器等。

● Debug:包括启动调试、执行仿真、单步执行和重新排步弹出窗口等。

● Template:包括设置图形格式、文本格式、设计颜色、线条连接点大小和图形等。

● System:包括设置自动保存时间间隔、图纸大小和标注字体等。

● Help:包括版权信息、Proteus ISIS 软件使用的学习和示例等。

工具栏的工具按钮包括 File 工具栏、View 工具栏、Edit 工具栏和 Design 工具栏等。

(3) 编辑区

编辑区用于放置元器件,进行连线,绘制原理图。要注意,该区没有滚动条,用户可用预览区来改变原理图的可视范围,这同目前流行的其他软件有很大区别。同时它的操作不同于常用的 Windows 应用程序。正确的操作为:鼠标滚轮用来缩放原理图;单击用来放置元件;右击用来选择元件;连续按两次右键则可用来删除元件;先右击选择元件,再单击则是打开元件属性对话框;先右击元件再按住左键可拖动元件;连线用单击,删除则用右击。

编辑区显示正在编辑的电路原理图时,可以通过主工具栏里的"刷新"按钮或选择 View→Redraw 用来刷新显示内容,同时预览区中的内容也将被刷新。当执行其他命令导致显示错乱时也可使用该特性恢复显示。

要使编辑区显示一张大电路图的其他部分,可以通过如下几种方式。

① 单击预览区中想要显示的位置,编辑区将显示以单击处为中心的内容。

② 在编辑区内移动光标,按 Shift 键,用光标"撞击"边框,可使显示平移,用光标指向编辑区并按"缩放"键(F6 或 F7 键),编辑区会以光标指针位置为中心重新显示。

③ 按住 Shift 键,同时在一个特定区域用光标拉出一个框,则框内的部分就会被放大,该

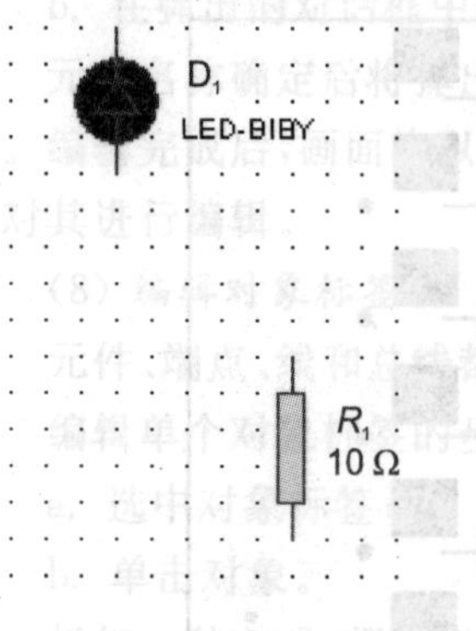

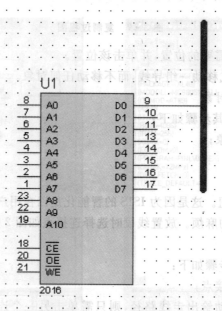

图 2-10　选择连接点过程图 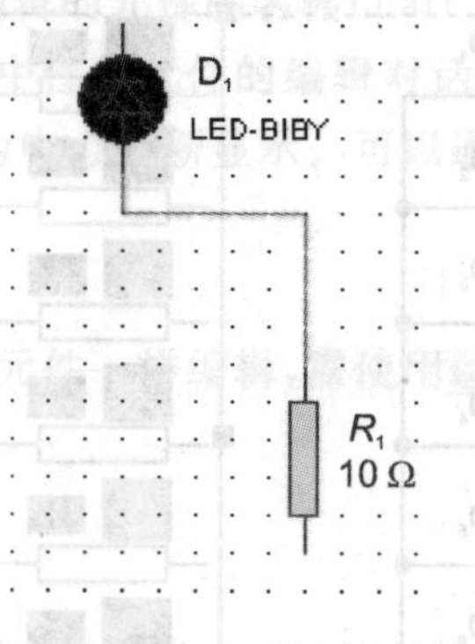　　图 2-11　自动走线过程图 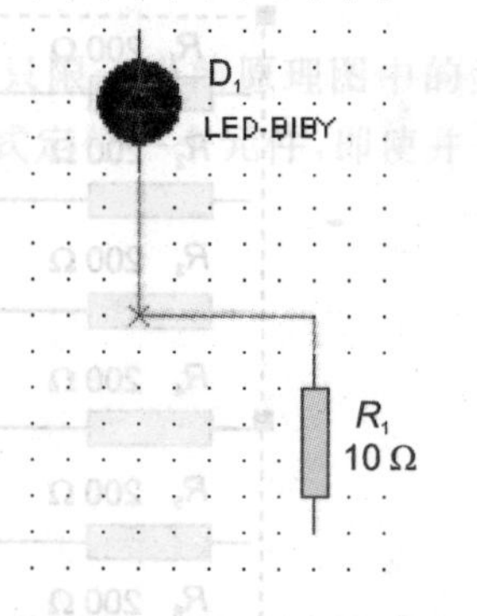　　图 2-12　手动走线过程图

图 2-13　重复布线 1

重复布线完全复制了上一根线的路径。如果上一根线已经是自动重复布线,则下一根线仍旧是自动复制该路径。

③ 拖线(dragging wires)

尽管布线一般使用连接和拖动的方法,但也有一些特殊方法可以使用。选中对象后如果拖动线的一个角,该角就随着光标移动。如果光标指向一个线段的中间或两端,就会出现一个可以拖动的角。

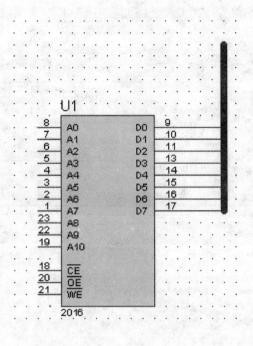

图 2-14　重复布线 2

3. 给单片机载入程序

由于原理图中的单片机仅售硬件,需要相应的软件配合才能完成相应的功能。用右键选中原理图中的单片机,然后通过单击单片机可调出该单片机的属性对话框,如图 2-15 所示。

在 Program File 文本框中选中编译好的"yg. HEX"文件,将其调入,然后单击 OK 即可。

4. 在 Proteus 中调试程序

在 Proteus ISIS 编辑环境中绘制或调入原理图,并且给相应单片机载入程序后,即可进行功能仿真,单击 Proteus ISIS 编辑区中 ▶ ▶ ▌▌ ▉ 的运行键 ▶ 即可。

如果想在 Proteus ISIS 中调试软件,在菜单栏里通过选择 Debug→Start/Restart Debugging,进入程序调试状态,并在 Debug 中打开 8051 CPU Registers、8051 CPU SFR Memory、8051 CPU Internal(IDATA)Memory 及 Watch Window 4 个观测窗口,如图 2-16 所示。

在观察各寄存器的变化情况的同时,还可以直观地看到所设计作品的实际物理运行情况。按 F11 键可以单步运行。如果遇到利用循环延时情况,为了方便可以直接按 Ctrl+F11 跳出目前循环,进入下一个工作指令。

利用 Watch Window 可以观察单片机中的 SFR 情况,添加观察对象的方法是右击 Watch Window 区,在弹出的快捷菜单中进行选择,如图 2-17 所示。

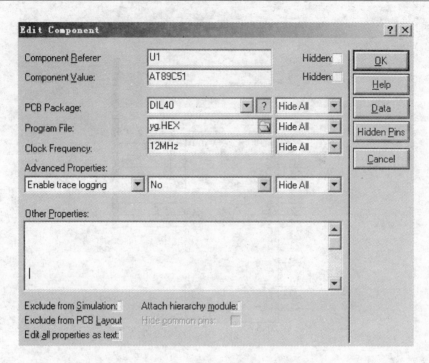

图 2-15　单片机的属性对话框

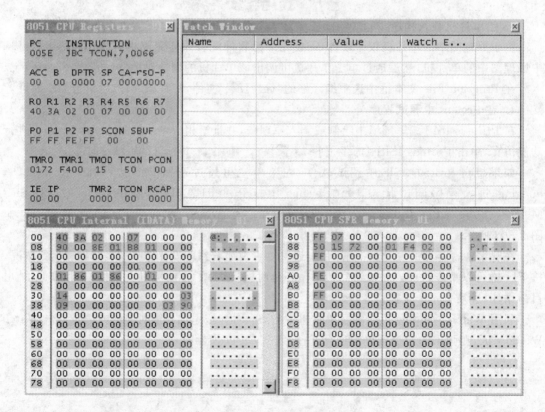

图 2-16　四个观测窗口

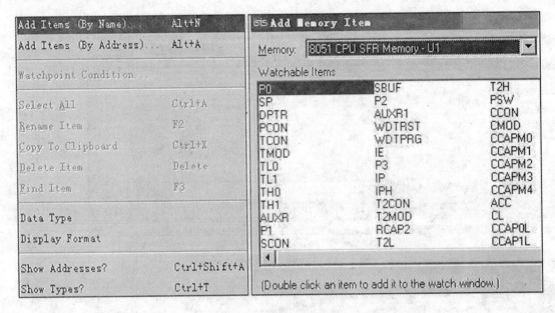

图 2-17　添加观测对象

2.2　Keil μVision3 集成开发环境

Keil μVision3 集成开发环境 IDE 是一个基于 Windows 的软件开发平台,它拥有功能强大的编译器、项目管理器和制作工具。Keil μVision 支持 8051 的所有 Keil 工具,包括 C 编译器、宏汇编器、链接器/定位器和目标文件至 HEX 格式的转换器。

Keil μVision3 通过以下特性加速用户嵌入式系统的开发过程。

① 全功能的源代码编辑器;

② 元器件库用来配置开发工具设置;

③ 项目管理器用来创建和维护用户的项目;

④ 集成的 MAKE 工具可以汇编、编译和链接用户嵌入式应用;

⑤ 所有开发工具的设置都是对话框形式;

⑥ 真正的源代码级的对 CPU 和外设元器件的调试器;

⑦ 高级 GDI(AGDI)接口用来在目标硬件上进行软件调试以及和 Monitor - 51 进行通信;

⑧ 与开发工具手册、元器件数据手册和用户指南有直接的链接。

2.2.1　程序编写

打开 Keil μVision3,选择 Project→New Project,则弹出 Create New Project 对话框,选择目标路径,在"文件名"文本框中输入项目名,如图 2-18 所示。

单击"保存(S)"按钮,弹出 Select Device for Target 对话框。在此对话框的 Data Base 选项区域组中,单击 Atmel 前面的"＋"号,或者直接双击 Atmel,在其展开的子类中选择 AT89C51,确定单片机类型,如图 2-19 所示。

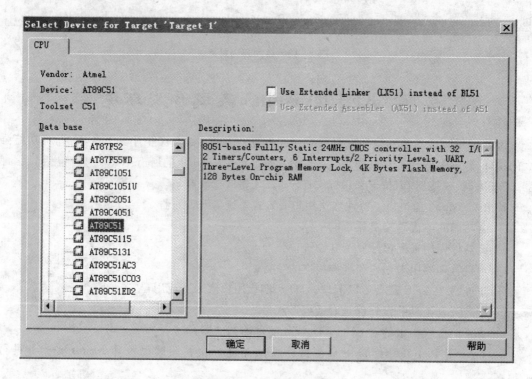

图 2-18 Create New Project 对话框

图 2-19 单片机的选择

然后在 Keil μVision3 中选择 File→New 可新建文档,选择 File→Save 可保存文档,这时会弹出 Save As 对话框,在"文件名(N)"文本框中,为此文档命名,注意要填写扩展名".asm",如图 2-20 所示。

单击"保存(S)"按钮,这样在编写代码时,Keil 会自动识别汇编语言的关键字,并以不同的颜色显示,以减少在输入代码时出现的语法错误。

当程序编写完后,必须再次保存。

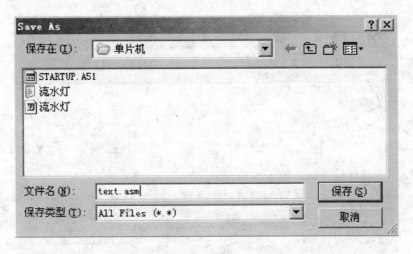

图 2 - 20　保存文件

2.2.2　程序汇编

在 Keil μVision3 中的 Project Workspace 子窗口中,单击 Target 1 前的"+"号展开,在 Source Group 1 文件夹上右击,在弹出的快捷菜单中选择 Add File to Group'Source Group 1',如图 2 - 21 所示,则弹出 Add File to Group 对话框,如图 2 - 22 所示,在此对话框的"文件类型"下拉列表框中,选择 Asm Source File,并找到刚才编写的"text.asm"文件。

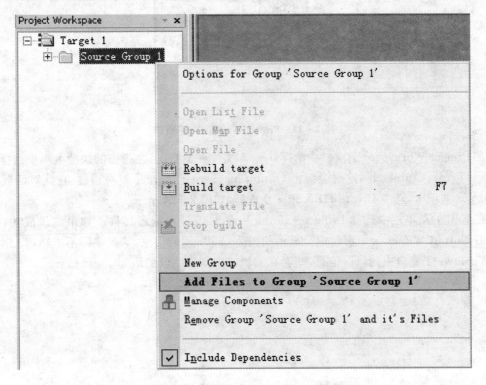

图 2 - 21　Group Source 1 右键快捷菜单

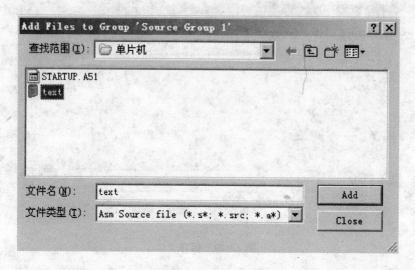

图 2 - 22　添加文件

双击此文件,将其添加到 Source Group 1 文件夹中,此时的 Project Workspace 子窗口如图 2 - 23 所示。

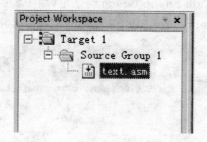

图 2 - 23　**Project Workspace 子窗口**

在 Project Workspace 子窗口中的 Target 1 文件夹上右击,在弹出的快捷菜单中选择 Option for Target'Target 1',这时会弹出 Option for Target'Target 1'对话框,在此对话框中选择 Output 选项卡,选中 Create HEX File 复选框,如图 2 - 24 所示。

在 Keil 的菜单栏中选择 Project→Build Target,编译汇编源文件。如果编译成功,则在 Keil 的 Output Windows 子窗口中会显示如图 2 - 25 所示的信息;如果编译不成功,双击 Output Windows 子窗口中的错误信息,则会在编辑区中指示错误的语句。

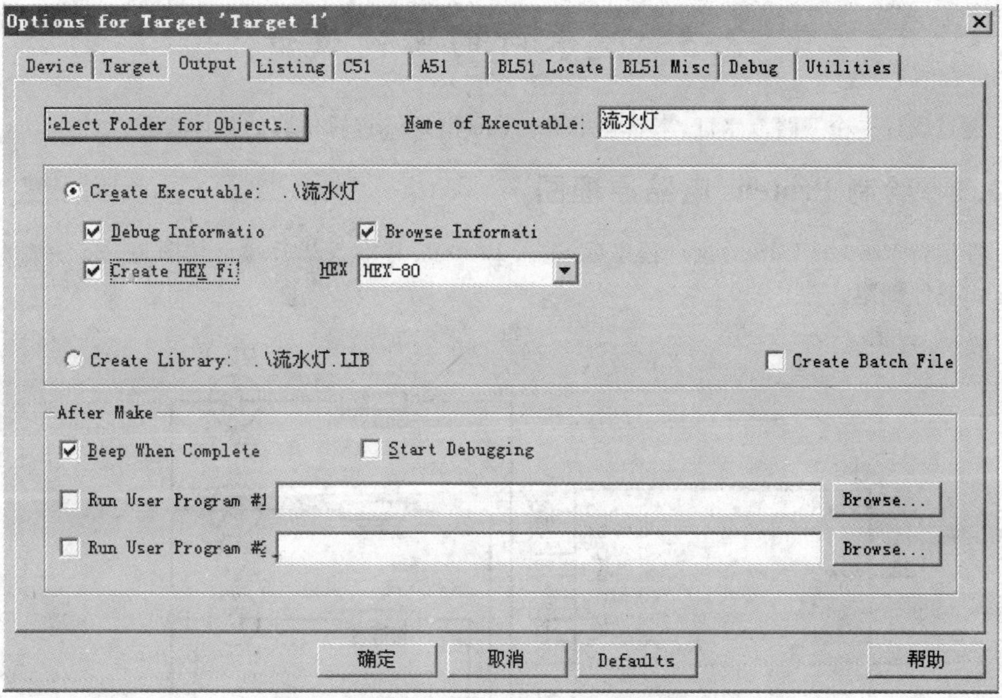

图 2-24 Option for Target'Target 1'对话框

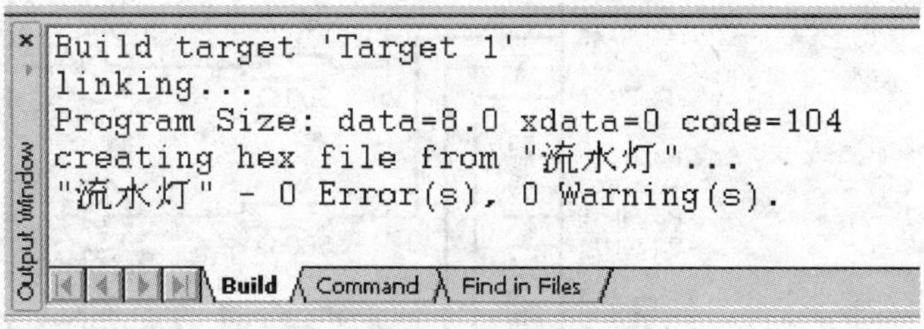

图 2-25 编译源文件

2.2.3 程序调试

程序汇编没有错误后,选择 Debug→Start/Stop Debug Session,或者单击工具栏中的工具按钮⊙,就会进入相应的调试状态。在调试状态中,Keil 提供了很多的调试手段,如跟踪、单步和设置断点等,用户可根据自己的需要选择合适的调试方法。

程序调试完毕后,再次在菜单栏中选择 Debug→Start/Stop Debug Session,或者再次单击工具栏中的工具按钮⊙,就会退出调试环境。

由于 Keil 软件调试仅能看到各个寄存器和存储器单元的变化情况,不能直观地看到项目设计的物理变化情况,这时就需要在 Proteus ISIS 编辑界面下进行调试。

2.3　流水灯的实例设计

通过设计一个 8 路流水灯,来熟悉用 Proteus 和 Keil 进行仿真的具体过程。

2.3.1　绘制 Proteus 电路原理图

在运行 Proteus ISIS 的执行程序后,进入 Proteus ISIS 编辑环境。按图 2-26 绘制 Proteus 电路原理图。

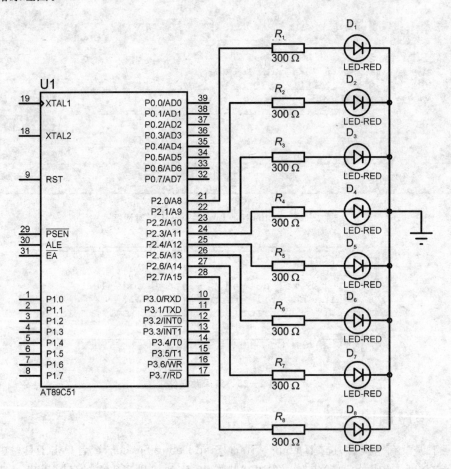

图 2-26　流水灯电路原理图

注意:在 Proteus 的电路原理图中,单片机的晶振电路和复位电路等最小系统中的电路都可以省略。

2.3.2　编写和汇编源程序

1. 在 Keil 中编写程序

打开 Keil μVision3,进入 Keil 编辑界面。选择 Project→New Project,弹出如图 2-18 所示的 Create New Project 对话框,选择目标路径,在"文件名"文本框中输入项目名称。

保存项目文件时,在如图 2-19 所示的 Select Device for Target 对话框中选择单片机类型为 AT89C51。

在 Keil μVision3 中选择 File→New 可新建文档,然后选择 File→Save 可保存此文档。注意保存时要填写扩展名". asm",如"liushuideng. asm"。

输入以下源程序,这时大家可以发现在输入汇编源代码时,汇编语言的关键字会以不同的颜色显示,这样可以减少语法错误。

8 路流水灯的源程序如下:

```
                ORG         0000H
                LJMP        MAIN
                ORG         0030H
MAIN：          MOV         TMOD,＃01H
L1：            MOV         R6,＃8
                MOV         A,＃01H
                MOV         P2,A
                ACALL       DELAY
                RL          A
                DJNZ        R6,MAIN_1
                AJMP        L1
DELAY：         MOV         TH0,＃3CH
                MOV         TL0,＃0B0H
                MOV         R7,＃4
                SETB        TR0
DS_1：          JBC         TF0,DS_2
                SJMP        DS_1
DS_2：          MOV         TH0,＃3CH
                MOV         TL0,＃0B0H
                DJNZ        R7,DS_1
                CLR         TR0
                RET
                END
```

该 8 路流水灯的源程序编写完后,再进行保存。

2. 在 Keil 中对程序进行汇编

按照图 2-23 和图 2-24 所示对汇编选项进行设置,并在 Keil 中选择 Project→Build Target,对源程序"liushuideng. asm"进行编译汇编,直到编译成功。此时在项目文件夹中会出现"liushuideng. hex"。

2.3.3　载入程序

右击选中原理图中的 CPU,通过单击选中的 CPU 调出如图 2-27 所示的该 CPU 的属性对话框。

在 Program File 文本框中选中编译好的"liushuideng. hex"文件(或直接在文本框中输入

"liushuideng. hex"），将其调入。

在 Clock Frequency 文本框中输入 12 MHz，将系统振荡频率改为 12 MHz，然后单击 OK 按钮即可。

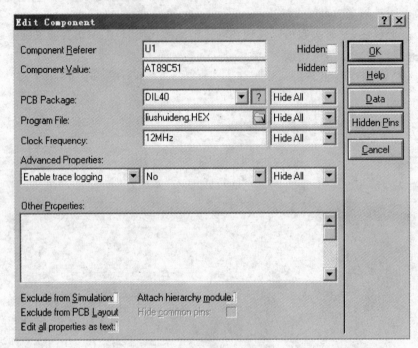

图 2-27 CPU 的属性对话框

2.3.4 运行程序

单击 Proteus ISIS 编辑区中左下角的运行键 ▶ 即可。这时可以看到 8 路流水灯的点亮状况。

习 题

1. Proteus ISIS 具有哪些特点？
2. 单片机集成开发环境一般选用什么软件，它具有哪些特性？
3. 修改实例设计中流水灯的点亮顺序，使得流水灯从下往上分别点亮。

第3章 MCS-51单片机组成与工作原理

3.1 MCS-51单片机的内部结构

3.1.1 8051单片机结构

8051单片机的内部总体结构框图如图3-1所示。

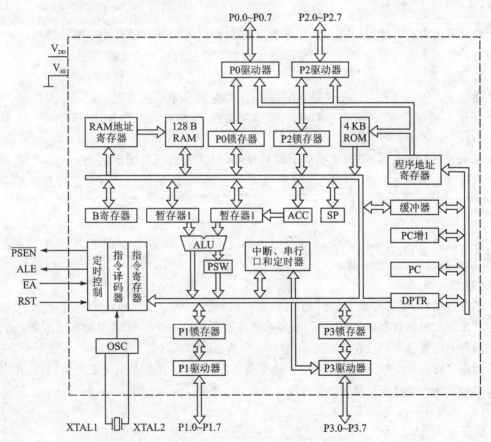

图3-1 8051单片机的结构框图

8051单片机的基本特征如下：

- 8位CPU,片内振荡器。
- 4 KB的片内ROM,128 B的片内RAM。
- 21个特殊功能寄存器。
- 4个I/O接口P0~P3,共32根I/O口线。

- 可寻址各 64 KB 的片外 RAM、片外 ROM。
- 两个 16 位的定时器/计数器。
- 中断结构具有两个优先级,5 个中断源。
- 1 个全双工串行口。
- 具有位寻址功能,适合布尔处理的位处理器。

由图 3-1 可知,除 128 B×8 的片内 RAM、4 KB×8 的 ROM、中断、串行口、定时器模块及分布在框图中的 4 个 I/O 接口 P0~P3 外,其余部分则是中央处理器(CPU)的全部组成,而 CPU、RAM、ROM 和 I/O 接口则由内部三总线紧密地联系在一起。

把框图中 4 KB 的 ROM 换为 EPROM,就是 8751 结构框图,如去掉 ROM/EPROM 部分,即为 8031 的框图。

3.1.2　CPU 结构

单片机的中央处理器(CPU)由运算器和控制器组成。与一般多片微型计算机中的 CPU 不同,该 CPU 的运算器内包含一个专门进行位数据操作的布尔处理器。

1. 运算器

运算器主要完成算术运算和逻辑运算,它主要包括算术逻辑单元 ALU、暂存寄存器 1、暂存寄存器 2、累加器 ACC、B 寄存器、程序状态字寄存器 PSW 以及布尔处理器。

(1) 算术逻辑单元 ALU

算术逻辑单元 ALU 是算术逻辑运算的核心,用来完成二进制数的四则运算和布尔代数的逻辑运算。运算结果送入累加器 ACC 和 B 寄存器中,运算结果的状态送程序状态字寄存器 PSW 的相应标志位中。

(2) 暂存寄存器 1 和 2

为了提高 CPU 的运算速度,在单片机内部设置了两个 8 位暂存寄存器,用来暂存数据和状态,以便数据的传送和运算。

(3) 累加器 ACC

累加器 ACC 又可写成 A,是一个 8 位寄存器,是 CPU 中工作最频繁的寄存器,大部分单操作数指令的操作数都取自累加器,很多双操作数指令的一个操作数也取自累加器,比如加、减法指令的运算结果存放在累加器 A 中,乘、除法指令的运算结果则存放在 A 和 B 寄存器中。其功能主要有:用于存放操作数;用于存放运算的中间结果;作为数据传送到中转站;在变址寻址方式中可作为变址寄存器。

(4) B 寄存器

B 寄存器的地址为 F0H,它是一个 8 位的寄存器,专门用于乘法和除法运算。

① 在乘法运算时,两个操作数分别取自 A 和 B,乘积的高 8 位存于 B 中,低 8 位存于 A 中;

② 在除法运算时,A 中存入被除数,B 中存入除数,商存放于 A 中,余数存放于 B 中;

③ 在其他指令中,B 可作为一般通用寄存器来使用。

(5) 程序状态字寄存器 PSW

程序状态字寄存器 PSW 是一个 8 位寄存器,用于存放运算结果的一些特征位。其中有些特征位是根据指令执行结果,由硬件自动设置的,而有些位状态则是用软件方法设定的。

PSW 的特征位可以用专门的指令进行测试,也可以用指令读出。一些条件转移指令将根据 PSW 中的有关位信息来进行程序转移。PSW 的字节地址为 D0H,支持位寻址,其 8 位格式定义如表 3-1 所列。

表 3-1　PSW 各位的定义

位　序	PSW.7	PSW.6	PSW.5	PSW.4	PSW.3	PSW.2	PSW.1	PSW.0
位标志	CY	AC	F0	RS1	RS0	OV	F1	P

PSW 各位的使用介绍如下。

● 进位标志位 CY:CY 是 PSW 中最常用的标志位,可简写为 C。其功能有如下两种。

a. 存放算术运算的进(借)位标志。当进行加(减)法运算时,若运算结果最高位有进(借)位,则 CY 被硬件置为 1,否则置为 0。

b. 在位操作中,作累加位使用。在进行位传送、位与、位或等操作时,都要使用进位标志位。

● 半进位标志位 AC:当进行加(减)法运算时,若低半字节向高半字节有进(借)位,则 AC 被硬件置为 1,否则置为 0。

● 用户标志位 F0:这是一个由用户自定义的标志位,用户根据需要可用软件方法置位或复位。例如用它来控制程序的转向。

● 寄存器组选择位 RS1 和 RS0:可用来选择当前的工作寄存器组。由用户通过软件方法改变 RS1 和 RS0 的值,以选择当前的工作寄存器组。在 51 单片机中,工作寄存器共有 4 组,用户只能选择当前工作寄存器组,一个工作寄存器组由 8 个 8 位的工作寄存器 R0～R7 组成,用户可以通过设置 RS1 和 RS0 的值来自由选择 R0～R7 的实际物理地址。选择方式如表 3-2所列。

表 3-2　工作寄存器组选择表

RS1	RS0	选中的寄存器组	R0～R7 寄存器地址(片内 RAM 地址)
0	0	第 0 组	00H～07H
0	1	第 1 组	08H～0FH
1	0	第 2 组	10H～17H
1	1	第 3 组	18H～1FH

当单片机复位时,系统自动将 RS1 和 RS0 置为 0,CPU 自动选择第 0 组工作寄存器组。

● 溢出标志位 OV:OV 反映运算结果是否溢出。溢出时,OV 为 1;否则为 0。其具体使用有如下 3 种情况。

a. 在带符号的加减运算中,若运算结果超过 $-128～+127$ 的范围时,则 OV 为 1,表示产生溢出,即运算结果是错误的;否则 OV 为 0,表示无溢出,即运算结果是正确的。

b. 在乘法运算中,若乘积超过 255 时,则 OV 为 1,表示乘积分别存放在 B 和 A 中;否则 OV 为 0,表示乘积只存于 A 中。

c. 在除法运算中,若除数为 0 时,则 OV 为 1,表示出发不能进行;若除数不为 0 时,则 OV 为 0,表示除法可以进行。

● 用户标志位 F1：这也是一个由用户自定义的标志位，用户根据需要可用软件方法置位或复位。

● 奇偶校验位 P：P 表明累加器中 1 的个数的奇偶性，在每个指令周期由硬件根据 A 的内容对 P 位进行置位或复位。若 A 中 1 的个数为奇数，则 P 由硬件置为 1；反之 P 由硬件置为 0。

(6) 布尔处理器

布尔处理器是单片机 CPU 中运算器的一个重要组成部分，有相应的指令系统，可提供 17 条位操作指令，硬件有自己的"累加器（进位位 CY）"及自己的位寻址 RAM 和 I/O 空间。

与 8 位操作指令相同，大部分位操作指令均围绕累加器——进位位 CY 完成，一般记作 C，专门用于处理位操作。可执行置位、复位、取反、等于 0 转移、等于 1 转移、等于 1 转移并清 0 以及 C 与其他可位寻址的空间之间进行信息传送等位操作，也能使 C 与其他可寻址位之间进行逻辑与、逻辑或操作，结果存放在 C 中。

由于布尔处理器给用户提供了丰富的位操作功能，因此在编程时，用户可以利用指令完成原来仅靠复杂的硬件逻辑所完成的功能，还可方便地设置状态/控制标志等。

例 3-1　若两个带符号数据进行如下加法运算，则溢出标志位 OV 为多少？

(1) 01010111B＋01111001B

(2) 10001000B＋10010111B

解　在第(1)小题中，因为 01010111B 和 01111001B 的最高位均为 0，表示它们都是正数，因此它们的和应为正数。

而
$$
\begin{array}{r}
01010111B \\
+\ 01111001B \\
\hline
11010000B
\end{array}
$$

由于和的最高位为 1，表示和为负数，因此计算错误，产生溢出，则(OV)＝1。

在第(2)小题中，因为 10001000B 和 10010111B 的最高位均为 1，表示它们都是负数，因此它们的和也应为负数。

而
$$
\begin{array}{r}
10001000B \\
+\ 10010111B \\
\hline
00011111B
\end{array}
$$

由于和的最高位为 0，表示和为正数，因此计算错误，产生溢出，则(OV)＝1。

例 3-2　已知(PSW)＝90H，则 R2 寄存器的地址为多少？

解　由于(PSW)＝90H，则(RS1)＝1，(RS0)＝0，表示 CPU 选择第 2 组工作寄存器组，而根据表 3-2 可知，此时的 R0～R7 的地址为 10H～17H，因此 R2 寄存器的地址为 12H。

2. 控制器

控制器是单片机的指挥控制部件，包括程序计数器 PC、指令寄存器 IR、指令译码器 ID、堆栈指针 SP、数据指针 DPTR、振荡器与定时控制电路、中断控制、串行口控制和定时器等。

单片机执行指令是在控制器的控制下进行的。执行一条指令的全过程是：首先从程序存储器中读出指令，送到指令寄存器进行保存，然后送指令译码器来译码，译码结果送定时控制电路，在定时控制电路里产生各种定时信号和控制信号，再送到系统的各个部分进行相应的操作。

（1）程序计数器 PC

PC 是一个 16 位的计数器，PC 中的内容是将要执行的下一条指令的地址，因此它指示的地址范围是 64 KB，即一个 MCS-51 单片机的 ROM 的最大容量是 64 KB，其程序运行顺序与 PC 变化关系，如图 3-2 所示。系统上电复位后，(PC)=0000H，随着程序的执行，PC 的值是自动加 1 的，即一个操作码取出执行后，PC 的值自动加 1。用户可以通过转移、调用和返回等指令改变 PC 内容，从而改变程序执行的顺序。

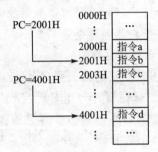

图 3-2　程序执行顺序与 PC 变化关系

在图 3-2 中，系统上电后，即从存放于 0000H 单元地址的指令开始执行程序，随着指令的执行，PC 的值自动增加。在(PC)=2001H 时，说明紧接下来要执行指令 b。如果指令 b 是一条给 PC 赋值为 4001H 的指令，则指令 b 执行完后，(PC)=4001H，紧接下来将要执行指令 d。

因此，PC 实际上是一个地址指示器，一方面，随着程序的执行，PC 值不断增加；另一方面，用户可以改变 PC 中的内容以改变指令执行的次序。

（2）数据指针 DPTR

DPTR 是 MCS-51 单片机中惟一的一个供用户使用的 16 位寄存器，但它实际上由两个 8 位寄存器组成，其高位字节寄存器用 DPH 表示，低位字节寄存器用 DPL 表示。

DPTR 既可作为一个 16 位寄存器使用，也可作为两个独立的 8 位寄存器 DPH 和 DPL 使用。

DPTR 主要用于存放 16 位地址，有两个功能。

① 存放片外 RAM 地址，来访问片外数据存储器；

② 存放 ROM 地址，来访问程序存储器。

DPTR 是 16 位数据指针，所以其访问的存储器空间是 2^{16} B=64 KB。

（3）堆栈指针 SP

SP 是一个 8 位寄存器，能自动加 1 或减 1，用来存放堆栈的栈顶地址，即 SP 内容指示要存取堆栈中的一个字节的内容。

所谓堆栈上的一种存取数据的结构方式，就是只允许在单端进行数据插入和取出操作的线性表。数据写入堆栈称为插入操作（PUSH），也叫入栈；从堆栈中读出数据称为弹出操作（POP），也叫出栈。

堆栈主要用于在子程序调用和中断操作中保存断点和现场内容。此外，也可以用于数据的临时存放。

堆栈中数据存取的特点是数据"先进后出"或"后进先出"，通常把"后进先出"简称为

LIFO(last - in first - out)，这跟一种叫 FIFO(first - in first - out)的存储器刚好相反。这种特点类似于堆放货物，一般总是把先入栈的货物堆放在下面，后入栈的货物堆放在上面；取货则正好相反，最后入栈的货物最先被取走。最后存入的数据所在的堆栈单元称为栈顶，入栈就是把要保存的内容写入栈顶单元，出栈就是读出栈顶单元的内容。

（4）指令寄存器 IR、指令译码器 ID 和定时控制电路

从程序存储器中读出的指令，送指令寄存器保存，然后送到指令译码器译码，定时控制电路根据译码结果产生各种定时信号和控制信号，再送到系统的各个部分进行相应的操作。

注意：用户不能直接使用指令寄存器和指令译码器。

（5）中断控制、串行口控制及定时器电路

中断控制电路主要包括用于中断控制的四个寄存器：定时器控制寄存器（TCON）、串行口控制寄存器（SCON）、中断允许控制寄存器（IE）和中断优先级控制寄存器（IP）等。

中断是指 CPU 暂停执行原来的程序，转而为外部设备服务（即执行中断服务程序），并在完成服务后回到原来程序接着执行的过程，是单片机应用系统的一个重要功能。

串行口控制电路主要包括串行控制寄存器 SCON 和串行缓冲寄存器 SBUF 等，用于对串行口工作方式、数据的接收和发送等进行控制。

MCS - 51 单片机内部还带有两个 16 位计数器（实际由 4 个 8 位计数器 TL0、TH0、TL1和 TH1 组成），其作用也非常重要，在定时器控制寄存器 TCON 和定时器方式选择寄存器TMOD 等的控制下，既可以作为定时器用于对被控系统进行定时控制，也可以作为计数器用于产生各种不同频率的方波及用于事故记录和测量脉冲宽度等。

说明：上面介绍的控制器和运算器中的一些寄存器，属于特殊功能寄存器。

3.1.3　存储器

单片机存储器结构的主要特点是程序存储器和数据存储器的寻址空间是分开的。对MCS - 51 系列而言，有 4 个物理上相互独立的存储器空间，即内、外程序存储器和内、外数据存储器。

从逻辑空间上看，MCS - 51 单片机实际上存在 3 个独立的空间存储器：片内外统一编址的程序存储器，空间大小为 64 KB；片内数据存储器，空间大小为 256 B 和片外数据存储器，空间大小为 64 KB。

1. 片内外统一编址的程序存储器

8051 片内有 4 KB 的 ROM，8751 片内则有 4 KB 的 EPROM，8951 片内则有 4 KB 的EEPROM，而 8031 无片内 ROM，所以片内程序存储器的有无和所属种类是区别 MCS - 51 系列产品的主要标志。对于片外程序存储器的容量，用户可根据需要任意选择，但片内、片外的总容量合起来不得超过 64 KB。

程序存储器是用于存放程序和表格常数的，它以 16 位程序计数器（PC）作为地址指针来寻址（找出指令或数据存放的地址单元），因此寻址空间为 64 KB。在系统正常运行中，ROM中的内容是不会变化的。

用户可通过对$\overline{EA}$引脚信号的设置来控制片内和片外 ROM 的使用。

① 当引脚$\overline{EA}$接高电平时，8051 的程序计数器 PC 在 0000H～0FFFH 范围内（即低 4 KB地址），则执行片内 ROM 中的程序；当 PC 值即指令地址超过 0FFFH 后（即在 1000H～

FFFFH 范围内),CPU 就自动转向片外 ROM 读取指令。

② 当引脚$\overline{EA}$接低电平时,8051 片内 ROM 不起作用,CPU 只能从片外 ROM 中读取指令,这时片外 ROM 从 0000H 开始编址。

注意:由于 8031 片内没有 ROM,所以使用时必须使$\overline{EA}=0$,即只能使用外部扩展 ROM。单片机从片内程序存储器和片外程序存储器读取指令时执行速度相同。

程序存储器的某些单元是留给系统使用的,用户不能存储程序,具体情况如表 3-3 所列。

表 3-3　内部 ROM 的保留单元

存储空间	系统使用目的
0000H~0002H	复位后初始化引导程序
0003H~000AH	外部中断 0
000BH~0012H	定时器 0 溢出中断
0013H~001AH	外部中断 1
001BH~0022H	定时器 1 溢出中断
0023H~002AH	串行口中断
002BH	定时器 2 中断(8052 才有)

2. 片外数据存储器

单片机的数据存储器一般由读/写存储器 RAM 组成,其容量最大可扩展到 64 KB,用于存储数据。实际使用时应首先充分利用内部数据存储器空间,只有在实时数据采集和处理或数据量存储较大的情况下,才扩充数据存储器。

访问片外数据存储器可以用 16 位数据存储器地址指针 DPTR,同样用 P2 口输出地址高 8 位,用 P0 口输出地址低 8 位,用 ALE 引脚作为地址锁存信号。但和程序存储器不同,数据存储器的内容既可读出也可写入。在时序上则产生相应的$\overline{RD}$和$\overline{WR}$信号,并以此来选通存储器。

也可以用 8 位地址访问片外数据存储器,这不会与内部数据存储器空间发生重叠。单片机指令中设置了专门访问片外数据存储器的指令 MOVX,使得这种操作既区别于访问程序存储器的指令 MOVC,也区别于访问内部数据存储器的 MOV 指令,这在时序上和相应的控制信号上都得到了保证。

显然,片外数据存储器较小时,8 位地址已足够使用,若要扩展较大的 RAM 区域,则应在使用 8 位地址时预先设置 P2 口的内容,以确定页面地址(高 8 位),而再用 8 位地址指令执行对该页面内某存储单元的操作。

3. 片内数据存储器

从应用的角度来讲,搞清片内数据存储器的结构和地址空间分配是十分重要的,因为读者将来在学习指令系统和程序设计中将会经常接触到它们。内部数据存储器由地址 00H~FFH 共有 256 B 的地址空间组成。这 256 B 的空间被分为两部分,其中内部数据 RAM 地址为 00H~7FH,特殊功能寄存器(SFR)的地址为 80H~FFH。

(1) 内部数据 RAM 单元(低 128 B 单元)

如表 3-4 所列,单片机内部有 128 B 的随机存取存储器 RAM,CPU 为其提供了丰富的操作指令，它们均可按字节操作。用户既可以将其当做数据缓冲区，也可以在其中开辟自己的栈区，还可以利用单片机提供的工作寄存器区进行数据的快速交换和处理。内部数据 RAM 单元按用途可分为 3 个区。

表 3 - 4　MCS - 51 内部 RAM 分配和位寻址区域

30H～7FH(数据缓冲区、堆栈区、工作单元)									
7FH	7EH	7DH	7CH	7BH	7AH	79H	78H		2FH
77H	76H	75H	74H	73H	72H	71H	70H		2EH
6FH	6EH	6DH	6CH	6BH	6AH	69H	68H		2DH
67H	66H	65H	64H	63H	62H	61H	60H		2CH
5FH	5EH	5DH	5CH	5BH	5AH	59H	58H		2BH
57H	56H	55H	54H	53H	52H	51H	50H		2AH
4FH	4EH	4DH	4CH	4BH	4AH	49H	48H		29H
47H	46H	45H	44H	43H	42H	41H	40H	位寻址区域	28H
3FH	3EH	3DH	3CH	3BH	3AH	39H	38H	(20H～2FH)	27H
37H	36H	35H	34H	33H	32H	31H	30H		26H
2FH	2EH	2DH	2CH	2BH	2AH	29H	28H		25H
27H	26H	25H	24H	23H	22H	21H	20H		24H
1FH	1EH	1DH	1CH	1BH	1AH	19H	18H		23H
17H	16H	15H	14H	13H	12H	11H	10H		22H
0FH	0EH	0DH	0CH	0BH	0AH	09H	08H		21H
07H	06H	05H	04H	03H	02H	01H	00H		20H
18H～1FH(第 3 组工作寄存器区)									
10H～17H(第 2 组工作寄存器区)								工作寄存器区(00H～1FH)	
08H～0FH(第 1 组工作寄存器区)									
00H～07H(第 0 组工作寄存器区)									

① 寄存器区

低 128 B 的 RAM 的第 32 个单元称作工作寄存器区，也称为通用寄存器区，常用来存放操作数及中间结果等。

MCS - 51 系列单片机的特点之一是内部工作寄存器以 RAM 形式组成。在单片机中，那些与 CPU 直接有关或表示 CPU 状态的寄存器，如堆栈指针 SP、累加器 A 和程序状态字寄存器 PSW 等则归并于特殊功能寄存器之中。RAM 存储区的工作寄存器区域划分为 4 组，每组有工作寄存器 R0～R7。这 4 组工作寄存器区提供的 32 个工作寄存器可用来暂存运算的中间结果以提高运算速度，也可以用其中的 R0、R1 来存放 8 位的地址值，去访问一个 256 B 的存储区单元，此时高 8 位地址则事先由输出口(P2)的内容选定。另外，R0～R7 也可以用做计数器，在指令作用下加 1 或减 1。但是，它们不能组成所谓的寄存器对，因而也不能当作 16 位地址指针使用。

单片机工作寄存器很多，无需再辅助寄存器，当需要快速保护现场时，不需交换寄存器内容，只需改变程序状态字寄存器 PSW 中的 RS0、RS1 就可选择另一个组的 8 个寄存器的切换，如表 3 - 2 所列。这就给用程序保护寄存器内容提供了极大方便。而 CPU 只要执行一条单周期指令，就可改变 PSW 的第 3 位、第 4 位，即 PSW.2 和 PSW.3。

需要说明的是,在任一时刻,只能使用 4 组寄存器区中的一组,正在使用的那组寄存器称作当前工作寄存器组。当 CPU 复位后,选中第 0 组工作寄存器区为当前的工作寄存器组。

② 位寻址区

工作寄存器区上面的 16 B 单元(20H～2FH)是位寻址区,即可以对单元中每一位进行位操作,当然它们也可以作为一般 RAM 单元使用,进行字节操作。

如表 3-4 所列,位寻址区共有 128 位,位地址为 00H～7FH。

在使用时,位地址有两种表示方式,一种以表 3-4 中位地址的形式,比如 2FH 字节单元的第 7 位可以表示为 7FH;另一种是以字节地址第几位的方式表示,比如同样是 2FH 字节单元的第 7 位还可以表示为 2FH.7。

注意:虽然位地址和字节地址的表现形式可以一样,但因为位操作与字节操作的指令不同,所以不会混淆。

通过执行位操作指令可直接对某一位进行操作,如置 1、清 0、判 1 和判 0 转移等,结果用作软件标志位或用作位(布尔)处理。这种位寻址能力是 MCS-51 的一个重要特点,是一般微型计算机和早期的单片机(如 MCS-48)所没有的。

③ 用户 RAM 区

低 128 B 单元中,工作寄存器区占用了 32 个单元,位寻址区占用了 16 个单元,剩余 80 个字节就是供用户使用的一般 RAM 区,其单元地址为 30H～7FH,如表 3-4 所列。此部分区域可作为数据缓冲区、堆栈区、工作单元来使用。

8 位的堆栈指针 SP,决定了不可在 64 KB 空间任意开辟栈区,只能限制在内部数据存储区。由于堆栈指针为 8 位,所以原则上堆栈可由用户分配在片内 RAM 的任意区域,只要对堆栈指针 SP 赋以不同的初值就可指定不同的堆栈区域。但在具体应用时,栈区的设置应和 RAM 的分配统一考虑。工作寄存器和位寻址区域分配好后,再指定堆栈区域。

由于 MCS-51 复位以后,SP 的值为 07H,指向第 0 组工作寄存器区,因此用户初始化时都应对 SP 重新设置初值,一般设在 30H 以后的范围为宜。

(2) 特殊功能寄存器区(高 128 B 单元)

特殊功能寄存器(SFR)的地址空间范围为 80H～FFH。在 MCS-51 中,除程序计数器 PC 和 4 个工作寄存器外,其余寄存器都属于 SFR,所有这些特殊功能寄存器的地址分配如表 3-5 所列。

特殊功能寄存器反映了 MCS-51 的状态字及控制字寄存器,大体可分为两类:一类与芯片的引脚有关;另一类作为芯片内部功能的控制寄存器。MCS-51 中的一些中断屏蔽及优先级控制不是采用硬件优先链方式解决,而是用程序在特殊功能寄存器中设定。定时器和串行口的控制字等全部以特殊功能寄存器出现,这就使得单片机有可能把 I/O 接口与 CPU、RAM 集成在一起,代替多片机中多个芯片连接在一起完成的功能。

表 3-5　特殊功能寄存器地址映像表

符 号	名 称	地 址	符 号	名 称	地 址
P0♯	P0 锁存器	80H	P1♯	P1 锁存器	90H
SP	堆栈指针	81H	SCON♯	串行口控制寄存器	98H
DPL	数据指针低 8 位	82H	SBUF	串行数据缓冲寄存器	99H

符 号	名 称	地 址	符 号	名 称	地 址
DPH	数据指针高 8 位	83H	P2♯	P2 锁存器	A0H
PCON	电源控制寄存器	87H	IE♯	中断允许控制寄存器	A8H
TCON♯	定时器控制寄存器	88H	P3♯	P3 锁存器	B0H
TMOD	定时器方式选择寄存器	89H	IP♯	中断优先级控制寄存器	B8H
TL0	定时器/计数器 0 低 8 位	8AH	B♯	B 寄存器	F0H
TL1	定时器/计数器 1 低 8 位	8BH	PSW♯	程序状态字寄存器	D0H
TH0	定时器/计数器 0 高 8 位	8CH	ACC♯	累加器	E0H
TH1	定时器/计数器 1 高 8 位	8DH			

注:带♯号的寄存器表示可以支持位寻址。

与芯片引脚有关的特殊功能寄存器是 P0～P3,它们实际上是 4 个锁存器,每个锁存器附加上相应的一个输出驱动器和一个缓冲器就构成了一个并行口。其余用于芯片内控制的寄存器有 A、B、PSW 和 SP 等。

从表 3 - 5 所列可以看出,21 个特殊功能寄存器离散分布在 80H～FFH 的 RAM 空间中,但是用户并不能使用剩余的空闲单元。在 21 个特殊功能寄存器中,凡是地址能够被 8 整除的寄存器都支持位寻址,共有 11 个特殊功能寄存器支持位寻址能力,具体位地址如表 3 - 6 所列。

表 3 - 6   具有位寻址能力的 SFR 的位地址表

字节地址	寄存器符号	位地址和位名称							
		第 7 位	第 6 位	第 5 位	第 4 位	第 3 位	第 2 位	第 1 位	第 0 位
F0H	B	0F7H	0F6H	0F5H	0F4H	0F3H	0F2H	0F1H	0F0H
E0H	ACC	0E7H	0E6H	0E5H	0E4H	0E3H	0E2H	0E1H	0E0H
D0H	PSW	0D7H	0D6H	0D5H	0D4H	0D3H	0D2H	0D1H	0D0H
		CY	AC	F0	RS1	RS0	OV	F1	P
B8H	IP	0BFH	0BEH	0BDH	0BCH	0BBH	0BAH	0B9H	0B8H
		/	/	/	PS	PT1	PX1	PT0	PX0
B0H	P3	0B7H	0B6H	0B5H	0B4H	0B3H	0B2H	0B1H	0B0H
		P3.7	P3.6	P3.5	P3.4	P3.3	P3.2	P3.1	P3.0
A8H	IE	0AFH	0AEH	0ADH	0ACH	0ABH	0AAH	0A9H	0A8H
		EA	/	/	ES	ET1	EX1	ET0	EX0
A0H	P2	0A7H	0A6H	0A5H	0A4H	0A3H	0A2H	0A1H	0A0H
		P2.7	P2.6	P2.5	P2.4	P2.3	P2.2	P2.1	P2.0
98H	SCON	9FH	9EH	9DH	9CH	9BH	9AH	99H	98H
		SM0	SM1	SM2	REN	TB8	RB8	TI	RI
90H	P1	97H	96H	95H	94H	93H	92H	91H	90H
		P1.7	P1.6	P1.5	P1.4	P1.3	P1.2	P1.1	P1.0
88H	TCON	8FH	8EH	8DH	8CH	8BH	8AH	89H	88H
		TF1	TR1	TF0	TR0	IE1	IT1	IE0	IT0
80H	P0	87H	86H	85H	84H	83H	82H	81H	80H
		P0.7	P0.6	P0.5	P0.4	P0.3	P0.2	P0.1	P0.0

3.1.4　I/O 口及其特殊功能寄存器

MCS-51 单片机共有 4 个双向的 8 位 I/O 口 P0~P3,实际上它们已经被引入特殊功能寄存器之列。P0 口负载能力为 8 个 TTL 电路,P1、P2、P3 口负载能力为 4 个 TTL 电路。在单片机中,I/O 口是一个集数据输入缓冲、数据输出驱动及锁存等多项功能于一体的输入/输出电路。4 个 I/O 口在电路结构上基本相同,但又各具特点,因此在功能和使用上各口之间有一定的差异。下面分别讨论 4 个双向的 8 位 I/O 口的电路及其功能。

1. P0 口

P0 口的字节地址为 80H,位地址为 80H~87H。口的各位口线具有完全相同,但又相互独立的逻辑电路,如图 3-3 所示。

P0 口逻辑电路的主要内容包括:

① 一个数据输出锁存器,用于进行数据位的存储;

② 两个三态输入缓冲器,分别用于锁存器数据和引脚数据输入的缓冲;

③ 一个多路转接开关 MUX,它的一个输入来自一个锁存器,另一个输入为"地址/数据",输入转接由"控制"信号控制,之所以设置多路转接开关,是因为 P0 口既可以作为通用的 I/O 口进行数据的输入输出,又可以作为单片机系统的地址/数据线之间的接通转接;

④ 数据输出的驱动和控制电路,由两只场效应管组成,上面的那只场效应管构成上拉电路。

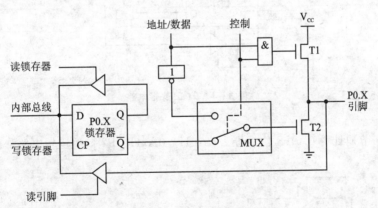

图 3-3　P0 口逻辑电路

在实际应用中,P0 口大多数情况下都是作为单片机系统的地址/数据线使用。当传送地址或数据时,CPU 发出控制信号,打开上面的与门,并使多路转接开关 MUX 处于内部地址/数据线和驱动场效应管栅极反向接通状态。这时的输出驱动电路由上下两只场效应管形成推拉式的电路结构,大大提高了负载能力。当输入数据时,数据信号直接从引脚通过输入缓冲器进入内部总线。

当 P0 口作为输入口(读)使用时,应区分读引脚和读端口(锁存器)两种情况。为此在口电路中有两个用于读入的三态缓冲器。所谓读引脚,就是读芯片引脚上的数据,也就是直接读外部数据,这时使用下面的三态缓冲器,由"读引脚"信号把三态缓冲器打开,引脚上的数据经三态缓冲器通过内部总线读进来。但要注意,必须先向电路的锁存器写入 1,使场效应管截止,以避免锁存器为 0 状态时对引脚读入的干扰,而读端口则通过上面的三态缓冲器把锁存器 Q 端的状态读进来。

当 P0 口作为输出口(写)使用时,由锁存器和驱动电路构成数据输出通路。由于通路中已有输出锁存器,因此数据输出可以与外设直接连接,无需再加数据锁存电路。进行数据输出时,来自 CPU 的写脉冲加在 D 触发器的 CP 端,数据写入锁存器,并向端口引脚输出。但要注意,由于输出电路是漏极开路电路,必须外接上拉电阻才能有高电平输出。

2. P1 口

P1 口的地址为 90H,位地址为 90H~97H。P1 口的口线逻辑电路如图 3-4 所示。

P1 口只能作为通用的 I/O 口使用,所以在电路结构上和 P0 口的不同主要表现为:

① 它只传送数据,所以不需要多路转接开关 MUX;

② 因为只用来传送数据,因此输出电路中有上拉电阻,且上拉电阻和场效应管共同组成了输出驱动电路。

P1 口作为输出口使用时,已能提供推拉电流负载,外电路无需再接上拉电阻。

P1 口作为输入口使用时,应先向其锁存器写入 1,使输出驱动电路的场效应管截止。

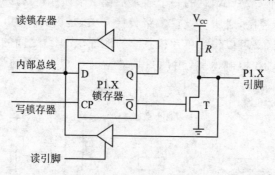

图 3-4　P1 口逻辑电路

3. P2 口

P2 口的字节地址为 0A0H,位地址为 0A0H~0A7H。P2 口的逻辑电路如图 3-5 所示。

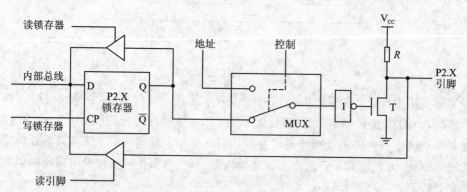

图 3-5　P2 口逻辑电路

在实际使用中,P2 口用于为系统提供高 8 位地址,但不作为数据线使用,所以 P2 口和 P0 口既有共同点,又有不同点。

共同点:在口电路中有一个多路转换开关 MUX,用于口线作为通用的 I/O 口进行数据的输入/输出和作为单片机系统的地址/数据线之间的接通转接。

不同点:P2 口只作为高位地址线使用,不作为数据线使用,所以多线路转换开关 MUX 的一个输入端不再是地址/数据,而是单一的地址。

4. P3 口

P3 口的字节地址为 0B0H,位地址为 0B0H～0B7H。P3 口的逻辑电路如图 3-6 所示。

虽然 P3 口可以作为通用 I/O 口使用,但实际使用中它的第二功能信号更为重要。为适应引脚信号第二功能的需要,在口电路中增加了第二功能控制逻辑。由于第二功能信号有输入和输出两类,因此我们分两种情况说明。

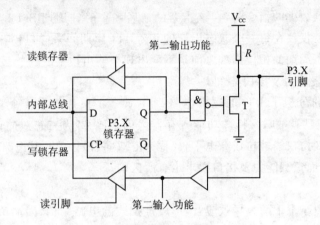

图 3-6　P3 口逻辑电路

对于输出第二功能的引脚,当作为通用 I/O 口使用时,电路中的"第二输出功能"信号线应保持高电平,与非门开通,以维持从锁存器到输出端数据输出通路的畅通。当作为输出第二功能信号时,该锁存器应预先置 1,使与非门对第二功能的信号的输出是畅通的,从而实现第二功能信号的输出。

对于第二功能为输入信号的引脚,在口线的输入通路上增加了一个缓冲器,输入的信号就从这个缓冲器的输出端取得。而作为通用的 I/O 口线使用的数据输入,仍然取自三态缓冲器的输出端。P3 口工作于第二功能时,其各位的定义如表 3-7 所列。

表 3-7　P3 口第二功能表

引　脚	功　能	引　脚	功　能
P3.0	RXD(串行输入通道)	P3.4	T0(定时器/计数器 0 外部输入)
P3.1	TXD(串行输出通道)	P3.5	T1(定时器/计数器 1 外部输入)
P3.2	$\overline{INT0}$(外部中断 0)	P3.6	$\overline{WR}$(外数据存储器写选通)
P3.3	$\overline{INT1}$(外部中断 1)	P3.7	$\overline{RD}$(外数据存储器读选通)

5. I/O 口的读—修改—写操作

由图 3-3～图 3-6 可见,每个 I/O 口均有两种读入方法,即读锁存器和读引脚,并有相应的指令。读锁存器指令是从锁存器中读取数据,进行处理,并把处理后的数据重新写入锁存器中,这类指令叫读—修改—写指令。例如在 ANL、ORL、XRL;INC、DEC;DJNZ;MOV;CLR、

SETB 等指令中,当目的操作数为某一 I/O 口或某一 I/O 口的某一位时这些指令均为读－修改－写指令。

读引脚指令一般都是以 I/O 端口为原操作数的指令,执行读引脚指令时打开三态门输入口状态。例如读 P1 口的输入状态时,读引脚指令为"MOV A,P1"。

根据 I/O 口的结构及 CPU 的控制,当执行读引脚操作时,口锁存器的状态应与引脚的状态相同;但当给口锁存器写入某一状态后,相应的口引脚是否呈现锁存器状态与外电路的连接有关。例如用 I/O 口线驱动三极管的基极时,该口线的位锁存器写入 1 后使三极管导通,而三极管一旦导通后,基极电平为 0。如果该口线无读引脚操作时,口锁存器与引脚的状态不一致。

执行改写锁存器数据的指令时,在该指令的最后一个时钟周期 S6P2 里将数据写入锁存器。由于输出缓存器仅仅在每一个状态周期的相位 1(P1)期间采样口锁存器,因而锁存器中的新数据在一个状态周期的相位出现之前是不会出现在输出线上的。

6. I/O 口的负载能力及接口要求

前面已经详细的分析了 I/O 的逻辑电路。MCS－51 单片机有 4 个双向的 8 位 I/O 口 P0～P3,实际上它们已经被归入特殊功能寄存器之列。P0 口为三态双向口,P1、P2、P3 口为准双向口(用作输入时,口线被拉成高电平,故称为准双向口)。由于其电路结构与使用的功能和特点有所不同,因而负载能力及接口要求也有所区别。

(1) P0 接口

输出驱动电路由于上下两只场效应管,形成推拉式的电路结构,因而负载能力较强,能以吸收电流的方式驱动 8 个 TTL 输入负载。在实际应用中,P0 经常作地址总线的低 8 位及数据总线复用口。在接口设计时,对于 74LS 系列、CD4000 系列及一些大规模集成电路芯片(如 8155、8255 和 AD574 等)都可以直接接口;对于一些线性元件,特别是键盘、码盘及 LED 显示器等,应尽量加驱动部分。

(2) P1 接口

从电路结构可知,P1 口的负载能力不如 P0 口。能以吸收或输出电流的的方式驱动 4 个 LS 型的 TTL 负载。在实际应用中,P1 口经常用作 I/O 扩展口。在接口设计时,对于 74LS 系列、CD4000 系列及一些大规模集成电路芯片(如 8155、8255 和 MC14513 等)都可以直接接口;对于一些线性元件,特别是键盘、码盘及 LED 显示器等,应尽量加驱动部分。

(3) P2 接口

由电路结构可见,P2 口的负载能力不如 P0 口,但和 P1 口一样。能以吸收或输出电流的方式驱动 4 个 LS 型的 TTL 负载。在实际应用中,P2 口经常用作高 8 位地址和 I/O 口扩展的地址译码。在设计接口时,对于 74LS 系列、CD4000 系列及一些大规模集成电路芯片(如 74LS138 和 8243 等)都可以直接接口。

(4) P3 接口

由电路结构可见,P3 口的负载能力不如 P0 口,但和 P1、P2 口一样,能以吸收或输出电流的方式驱动 4 个 LS 型 TTL 负载。在实际应用中,P3 口经常用作中断输入和串行通信口。在设计接口时,对于 74LS 系列、CD4000 系列及一些大规模集成电路芯片(如 74LS164、74LS165 等)都可以直接接口。

3.2　MCS-51 单片机的引脚及其片外总线

用单片机组成应用系统,往往需要对存储器容量和 I/O 接口加以扩充,为保证连接无误和速度匹配,就需要熟悉和了解单片机的引脚信号。

HMOS 制造工艺的 MCS-51 单片机都采用 40 引脚的双列直插封装(DIP)方式,CHMOS 制造工艺的 80C51/80C31 芯片除采用 DIP 方式外,还采用方形封装方式,如图 3-7 所示。图 3-7(a)为 DIP 方式的封装图,图 3-7(b)为方形封装方式,其中方形封装的 CHMOS 单片机有 44 脚,但其中 4 只脚(标有 NC 的引脚 1、12、23、34)是不使用的。不管是 DIP 封装还是方形封装,40 只引脚都可分为三个部分:4 个并行口共有 32 根引脚,可分别用做地址线、数据线和 I/O 口线;6 根控制信号线;2 根电源线。

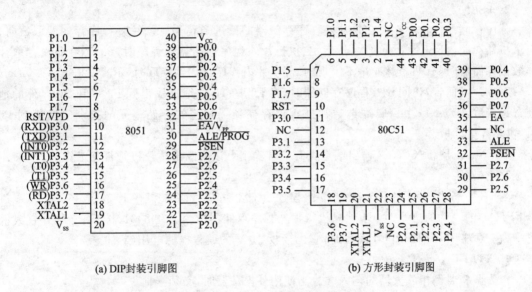

(a) DIP封装引脚图　　　(b) 方形封装引脚图

图 3-7　MCS-51 单片机引脚图

3.2.1　P0~P3 口引线

1. P0 口引线

P0 口为一个 8 位漏极开路的双向 I/O 通道。在存取外存储器时用做低 8 位地址及数据总线(此时内部上拉电阻有效);在程序检验时也用做输出指令字节(在程序检查时需要外部上拉电阻),能够接纳 8 个 TTL 负载输入。

2. P1 口引线

P1 口为一个带内部上拉电阻的 8 位双向 I/O 通道。在 8751 或 8051 的程序检验时,它接收低 8 位地址字节,能够吸收或供给 4 个 TTL 负载输入,不用附加上拉电阻即可驱动 MOS 输入。

3. P2 口引线

P2 口为一个带内部上拉电阻的 8 位双向 I/O 通道。在存取存储器时,它是高位地址字节的出口。在 8051 或 8751 的程序检验中,它也能接收高位地址和控制信号,能够吸收或供给 4

个 TTL 负载输入,不用外加电阻即可驱动 CMOS 输入。

4. P3 口引线

P3 口为一个带内部上拉电阻的 8 位双向 I/O 通道。它还能用于实现 MCS－51 系列的各种特殊功能,能够吸收或供给 4 个 TTL 负载输入,不用外加电阻即可实现 MOS 输入。

3.2.2　控制信号线

1. ALE/$\overline{\text{PROG}}$

地址锁存允许输出信号端。在存取片外存储器时,用其锁存低位地址字节。为了达到这个目的,甚至在片外存储器不作存取时,也以时钟振荡频率 1/6 的固定频率激发 ALE。因此它可以用于外部时钟和定时(然而,在每一次存取片外存储器时,有一个 ALE 脉冲跳过去)。在进行 EPROM 编程时,该端线还是编程脉冲输入端$\overline{\text{PROG}}$。

2. $\overline{\text{PSEN}}$

程序存储允许输出端。它是片外程序存储器的读选通信号。从片外程序存储器取数时,每个机器周期内$\overline{\text{PSEN}}$激发两次(然后,当执行片外程序存储器的程序时,$\overline{\text{PSEN}}$在每次存取片外数据存储器时,有两个脉冲是不出现的)。从片内程序存储器存取时,不激发$\overline{\text{PSEN}}$。

对单片机而言,访问片外程序存储器时,将 PC 的 16 位地址输出到 P2 口和 P0 口外的地址寄存器后,$\overline{\text{PSEN}}$产生负脉冲选通片外程序存储器。相应的存储单元的指令字节送到 P0口,供单片机读取。

$\overline{\text{PSEN}}$、ALE 和 XTAL2 输出端是否有信号输出可以判断出单片机是否在工作。

3. $\overline{\text{EA}}$/V$_{\text{PP}}$

当$\overline{\text{EA}}$为高电平时,CPU 执行片外程序存储器指令(除非程序计数器 PC 的值超过0FFFH);当$\overline{\text{EA}}$为低电平时,CPU 只执行片外程序存储器指令。在 8031 中,$\overline{\text{EA}}$必须外接成低电平,在 8751 中,当 EPROM 编程时,它也接收 21 V 的编程电源电压(V$_{\text{PP}}$)。

4. XTAL1

作为振荡器倒相放大器的输入端。当使用外振荡器时,必须接地。

5. XTAL2

作为振荡器的倒相放大器的输出和内部时钟发生器的输入。当使用外振荡器时,接收外振荡器信号。

6. RST/VPD

单片机复位端。当振荡器工作时,在此端持续供给两个机器周期的高电平可以完成复位。由于有一个内部的下拉电阻,只需要在本端和 V$_{\text{cc}}$之间加一个电容,便可以做到上电复位。

复位以后,P0 口～P3 口输出高电平,SP 指针重新赋值为 07H,其他特殊功能寄存器和程序计数器 PC 被清 0。复位后各内部寄存器初始值如表 3－8 所列。

表 3－8　MCS－51 复位后内部寄存器初始值

内部寄存器	初始值	内部寄存器	初始值
ACC	00H	TMOD	00H
B	00H	TCON	00H

续表 3-8

内部寄存器	初始值	内部寄存器	初始值
PSW	00H	TH0	00H
SP	07H	TL0	00H
DPL	00H	TH1	00H
DPH	00H	TL1	00H
P0～P3	FFH	SCON	00H
IP	×××00000B	SBUF	不定
IE	0××00000B	PCON	0×××××××B

只要 RESET 保持高电平，MCS-51 系列单片机就会循环复位。RESET 由高电平变为低电平后，单片机从程序存储器的 0000H 开始执行程序。单片机初始复位不影响内部 RAM 的状态，包括工作寄存器 R0～R7。

复位操作还对单片机的个别引脚信号有影响，例如把 ALE 和 $\overline{\text{PSEN}}$ 信号变为无效状态，即 ALE=0，$\overline{\text{PSEN}}$=1。

从以上的叙述中，已经清楚复位电路的设计原则：在单片机的 RST 引脚端出现两个机器周期以上的高电平（为了保证应用系统可靠地复位，通常使 RST 引脚保持 10 ms 以上的高电平）。根据这个原则，通常采用以下 3 种复位电路。

① 上电自动复位

如图 3-8(a) 所示，只要电源 V_{CC} 的上升时间不超过 1 ms，就可以实现自动上电复位，即接通电源即可完成系统的复位初始化。

② 按键电平复位

按键电平复位是通过使复位端经电阻与 V_{CC} 电源接通而实现的，电路如图 3-8(b) 所示。

③ 按键脉冲复位

按键脉冲复位是利用 RC 微分电路产生的正脉冲来实现的，电路如图 3-8(c) 所示。

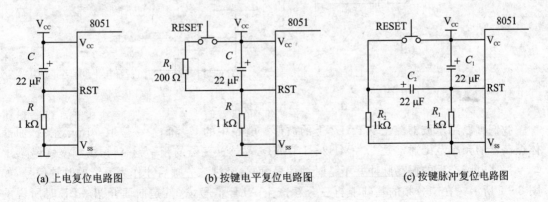

(a) 上电复位电路图　　　(b) 按键电平复位电路图　　　(c) 按键脉冲复位电路图

图 3-8　各种复位电路

上述复位电路图中的电阻和电容参数适用于 6 MHz 晶振，能保证复位信号高电平持续时间大于 2 个机器周期。

3.2.3　电源线

1. V$_{CC}$

在编程（用于 8751）、检验（用于 8051 或 8751）和正常运行时使用的电源，接＋5 V。

2. V$_{SS}$

接地端。一般在 V$_{CC}$ 和 V$_{SS}$ 之间应接有高频和低频滤波电容。

3.3　单片机时钟电路与时序

时钟电路用于产生单片机工作所需要的时钟信号，单片机本身是一个复杂的同步时序系统，为了保证同步工作方式的实现，单片机必须有时钟信号，以使其系统在时钟信号的控制下按时序协调工作。而所谓时序，则是指指令执行过程中各信号之间的相互时间关系。

3.3.1　时钟电路

在介绍单片机引脚时，我们已经叙述过有关振荡器的概念。振荡电路产生的振荡脉冲，并不是时钟脉冲，这两者既有联系又有区别。在由多片单片机组成的系统中，为了各单片机之间的时钟信号的同步，还引入公用外部脉冲信号作为各单片机的振荡脉冲。

1. 时钟信号的产生

XTAL1（19 脚）是接外部晶体管的一个引脚。在单片机的内部，它是一个反相放大器的输入端，这个放大器构成了片内振荡器。输出端为引脚 XTAL2，在芯片的外部通过这两个引脚接晶体振荡器和微调电容，形成反馈电路，构成一个稳定的自激振荡器，如图 3-9 所示。

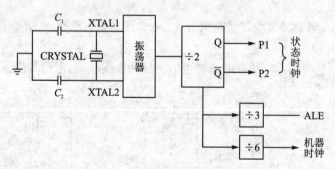

图 3-9　单片机时钟电路框图

我们可以用示波器测出 XTAL2 上的波形。电路中的 C_1 和 C_2 一般取 30 pF 左右，而晶体振荡器的频率范围通常是 1.2 MHz～12 MHz，晶体振荡器的频率越高，振荡频率就越高。

振荡电路产生的振荡脉冲并不是时钟信号，而是经过二分频后才作为系统的时钟信号，如图 3-9 所示。在二分频的基础上再三分频产生 ALE 信号（这就是前面介绍 ALE 时所说的"ALE 是以晶振 1/6 的固体频率输出的正脉冲"），在二分频的基础上再六分频得到机器周期信号。

2. 引入外部脉冲信号

在由多片单片机组成的系统中，为了各单片机之间时钟信号的同步，应当引入惟一的公用外部脉冲信号作为各单片机的振荡脉冲。这时外部的脉冲信号是经 XTAL2 引脚注入的,如图 3-10 所示。对于 80C51 单片机,情况有所不同。外引脉冲信号需从 XTAL1 引脚注入,而 XTAL2 引脚应悬浮。

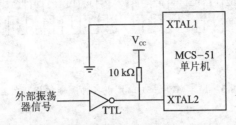

图 3-10　外部脉冲源接法

实际使用时,引入的脉冲信号应为高低电平持续时间大于 20 ns 的矩形波,且脉冲频率应低于 12 MHz。

注意,尽管 80C51 与 8051 兼容,但当使用外部脉冲信号驱动芯片的时钟电路时,应注意它们之间的差别。80C51 的外部脉冲信号经 XTAL1 引脚接入,而 8051 则是经 XTAL2 引脚接入。两种芯片之所以有如此差别,是芯片内部的原因,80C51 的时钟电路是由 XTAL1 引脚信号驱动的,而 8051 则是由 XTAL2 引脚信号驱动的。

3.3.2　时序定时单位

单片机执行指令是在时序电路的控制下一步一步进行的,人们通常以时序图的形式来表明相关信号的波形及出现的先后次序。为了说明信号的时间关系,需要定义定时单位。MCS-51 时序的定时单位共有 4 个,从小到大依次是:节拍、状态、机器周期和指令周期。下面分别加以说明。

1. 拍节与状态

把振荡脉冲的周期定义为拍节,用 P 表示。振荡脉冲经过二分频后,就是单片机的时钟信号,把时钟信号的周期定义为状态,用 S 表示。这样一个状态就包含二个拍节,其前半个周期对应的拍节叫拍节 1(P1),后半个周期对应的拍节叫拍节 2(P2)。

2. 机器周期

MCS-51 采用同步控制方式,因此它有固定的机器周期。规定一个机器周期的宽度为 6 个状态,并依次表示为 S1~S6。由于一个状态又包括两个拍节,因此一个机器周期总共有 12 个拍节,分别记作 S1P1、S1P2、…、S6P2。由于一个机器周期共有 12 个振荡脉冲周期,因此机器周期就是振荡脉冲的十二分频。当振荡脉冲频率为 12 MHz 时,一个机器周期为 1 μs,当振荡脉冲频率为 6 MHz 时,一个机器周期为 2 μs。

3. 指令周期

指令周期是最大的时序定时单位。执行一条指令所需要的时间称为指令周期。指令周期以机器周期的数目来表示,MCS-51 的指令周期根据指令不同,可包含 1 个、2 个或 4 个机器周期。图 3-11 表明了各种周期的相互关系。

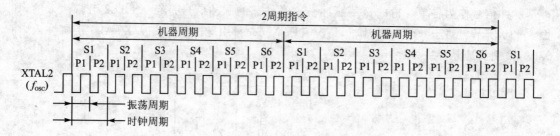

图 3-11　MCS-51 单片机各种周期的相互关系

3.4　单片机低功耗工作方式

低功耗对单片机具有重要意义和深远影响,因此,人们在单片机上降低功耗的努力也在多方面进行着。一是在电路和工艺上,例如,8051 单片机的功耗为 630 mW,而 80C51 只有 120 mW,是 8051 的 1/5;二是为一些单片机配备了高速和低速两套时钟,可根据需要选择,以减少不必要的功耗;三是本节所要讲的,为单片机设置低功耗工作方式。

3.4.1　单片机低功耗的意义

低功耗对单片机的意义主要表现在以下几个方面。

① 只有降低功耗才有可能使用轻便电源又保证长期供电,这对于便携式设备和掌上智能设备(PDA)中使用的单片机十分必要。功耗可低到用钮扣电池就可以为其长期供电,5～10 年才更换一次电池。

② 低功耗可降低芯片的发热量,电路中元器件的排列才可能更加紧密,从而有利于提高芯片的集成密度,并降低芯片的封装成本。

③ 由于低功耗芯片工作时发热量少,进而有利于提高芯片工作的可靠性。

④ 单片机芯片的低功耗,有效地促进了单片机系统的整体低功耗化。在设计单片机系统时必须把低功耗作为一个目标,采用低功耗电路设计方法,选择用低功耗的外扩展部件,例如液晶显示器等。

在 8 位单片机中,降低功耗的一项重要措施是采用 CMOS 半导体集成工艺。此外,低工作电压也是降低功耗的有效方法,例如,现在有些单片机芯片的工作电压只有 2.4 V。

3.4.2　两种低功耗的工作方式

单片机除在电路上采取的低功耗措施外,还在常规程序运行模式之外设置了低功耗工作方式。80C51 单片机有两种低功耗工作方式:待机方式和掉电方式。

所谓常规程序运行模式,就是单片机正在运行程序,所有外部设备均处于加电状态,此时系统功耗最高,性能最好。而低功耗方式的实质则是把暂时不用的设备关掉,使系统处于等待状态。低功耗方式是通过程序设置的,在应用程序设计时,应在不降低系统功能的前提下,尽可能地采用低功耗方式。

待机方式和掉电方式都是由专用寄存器 PCON(电源控制寄存器)来进行控制的,PCON 的 8 位格式如表 3-9 所列。

表 3-9　电源控制寄存器 PCON 的格式

位 序	D7	D6	D5	D4	D3	D2	D1	D0
位符号	SMOD	—	—	—	GF1	GF0	PD	IDL

其各位作用如下。

● SMOD:波特率倍增位,在串行通信时才使用。

● GF0:通用标志位。

● GF1:通用标志位。

● PD:掉电方式位,PD=1,则进入掉电方式。

● IDL:待机方式位,IDL=1,则进入待机方式。

要想使单片机进入待机或掉电工作方式,只要执行一条能使 IDL 或 PD 位为 1 的指令就可以。

1. 待机方式

如果使用指令使 PCON 寄存器 IDL 位置 1,则 80C51 即进入待机方式。这时振荡器仍然工作,并向中断逻辑、串行口和定时器/计数器电路提供时钟,但向 CPU 提供时钟的电路被阻断,因此 CPU 不能工作,与 CPU 有关的如 SP、PC、PSW、ACC 以及全部通用寄存器也被"冻结"在原状态。

在待机方式下,中断功能应继续保留,以便采用中断方法退出待机方式。为此,应引入一个外中断请求信号,在单片机响应中断的同时, PCON.0(即 IDL)位被硬件自动清 0,单片机就推出待机方式而进入正常工作方式。其实只要在中断服务程序中安排一条 RETI 指令,就可以使单片机恢复正常工作后返回断点继续执行程序。

2. 掉电方式

PCON 寄存器 PD 位控制单片机进入掉电方式。因此对于像 80C51 这样的单片机,在检测到电源故障时,除了进行信息保护外,还应把 PCON.1(即 PD)位置 1,使之进入掉电保护方式。此时单片机的一切工作都停止,只有内部 RAM 单元的内容被保存。

80C51 单片机除进入掉电方式的方法与 8051 不同之外,还有备用电源由 V_{CC} 端引入的特点。V_{CC} 正常后,硬件复位信号维持 10 ms 即能退出掉电方式。

3.4.3　低功耗工作方式的应用

这两种特殊的低功耗工作方式不但能为 80C51 的低功耗特点进一步锦上添花,而且还能满足一些特殊需要。下面举例简单说明。

1. 降低功耗

待机方式和掉电方式主要是为降低功耗而设置的。以台湾华邦公司的 80C51 衍生芯片 W78LE516 为例,对于 2.4 V 供电和 12 MHz 晶振频率下的最大工作电流,程序运行模式下为 3 mA,待机方式下为 1.5 mA,而掉电方式下仅为 0.02 mA。因此,在单片机工作过程中只要有可能就应使其处于待机或掉电状态下,这是降低功耗的一种有效途径。

例如,许多单片机系统的程序运行都是出于键盘扫描和显示的交替循环中,绝大部分机器时间花费在等待键输入上,真正用于数据处理的有用时间很短。为此,可以在键等待期间让单片机处于待机或掉电方式,当有键输入时再唤醒机器进入程序运行模式,从而使功耗大幅度降低。

2. 抗电磁干扰

把待机方式作为抗电磁干扰措施是待机方式应用的又一个典型例子。当单片机的控制对象为开关型大电流电感型负载(如继电器、电磁阀和开关等)时,如果单片机与控制对象的距离较近,则负载开启和关闭时产生的强电磁干扰将影响单片机工作的稳定性。这时待机方式就是避开干扰的最好办法。

在单片机发出负载开/关指令之后,紧接着是一条把 IDL 位置 1 的指令,以使单片机进入待机状态。在待机状态下,即使有电磁干扰也不会对单片机有任何影响,隔一定时间,等电磁干扰消失后,再结束待机,使单片机返回正常工作。

理论上讲,虽然结束待机可使用中断和复位两种方法,但真正实现起来还会遇到很多具体问题,主要是如何以及何时产生复位信号或中断请求信号。对此,可以通过加"看门狗"芯片实现,这时单片机由于待机而不能按时"喂狗",从而间隔一定时间后产生复位信号。此外,还可以通过定时中断,以中断方式结束待机状态。

3.5　存储块赋值的实例设计

本实例指定某块存储空间的起始地址和长度,要求对此存储块进行赋值。通过该实例,可以了解单片机读/写存储器的方法,同时也可以了解 Kile μVision 和 Proteus 软件的使用和单片机编程及调试方法。

3.5.1　设计要求

设计一个程序,要求将 32 个立即数 00H~1FH 分别赋值给片内 RAM30H~4FH 单元。

3.5.2　程序设计与调试

1. 源程序

```
            ORG     0000H
            LJMP    MAIN
            ORG     0030H
MAIN:       MOV     R0,#30H
            MOV     R7,#32
            MOV     A,#00H
LOOP:       MOV     @R0,A
            INC     R0
            INC     A
            DJNZ    R7,LOOP
            SJMP    $
            END
```

2. 在 Keil 中调试程序

打开 Keil μVision3,选择 Project→New Project,弹出 Create New Project 对话框,选择目

标路径,在"文件名"文本框中输入项目名后,如图 3 - 12 所示。单击"保存(S)"按钮,弹出 Select Device for Target 对话框,在此对话框的 Data Base 选项区域组中,单击 Atmel 前面的"+"号,或者直接双击 Atmel,在其展开的子类中选择 AT89C51,确定 CPU 类型。

图 3 - 12　Create New Project 对话框

在 Keil 中选择 File→New 可新建文档,然后选择 File→Save 可保存此文档,如图 3 - 13 所示。

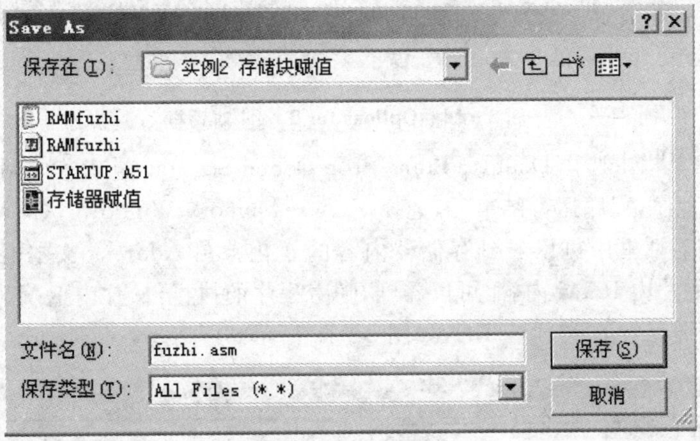

图 3 - 13　保存文本

存储块赋值程序编写完后,必须再次保存。在 Keil 的 Project Workspace 子窗口中,单击 Target 1 前的"+"号展开此目录。在 Source Group1 文件夹上右击,在弹出的快捷菜单中选择 Add File to Group 'Group Source 1',则弹出 Add File to Group 对话框,在此对话框的"文件类型"下拉列表框中,选择 Asm Source File,并找到刚才编写好的 ASM 文件,双击此文件,即可将其添加到 Source Group 中。

在 Proteus Workspace 子窗口中的 Target 1 文件夹上右击,在弹出的快捷菜单中选择 Option for Target,这时会弹出 Options for Target 对话框,在此对话框中选择 Output 选项卡,选中 Create HEX File 复选框,如图 3 - 14 所示。

编译文件后,若有错,则根据 Output Window 子窗口中的错误信息修改错误语句,无错后,将光标放在"SJMP $"这条语句上右击,选择 Insert/Remove Breakpoint 设置断点。

```
Options for Target 'Target 1'                                                    [×]

  Device | Target | Output | Listing | C51 |  A51  | BL51 Locate | BL51 Misc | Debug | Utilities

  [:elect Folder for Objects..]        Name of Executable: [RAMfuzhi                    ]

   (•) Create Executable:  .\RAMfuzhi
       [✓] Debug Informatio          [✓] Browse Informati
       [✓] Create HEX Fi      HEX  [HEX-80              ▼]

   ( ) Create Library:  .\RAMfuzhi.LIB                          [ ] Create Batch File

  ┌ After Make ──────────────────────────────────────────────────────────────
  │  [✓] Beep When Complete      [ ] Start Debugging
  │  [ ] Run User Program #1  [                                      ]  [Browse...]
  │  [ ] Run User Program #2  [                                      ]  [Browse...]

           [  确定  ]    [  取消  ]    [Defaults]              [  帮助  ]
```

图 3 – 14　Options for Target 对话框

在 Keil 的菜单栏中选择 Debug→Start/Stop Debug Session，进入程序调试环境，选择 De-
bug→Run，运行程序，程序运行结束后，选择 View→Memory Window，这时就可以弹出 Mem-
ory 对话框，在其对话框中可以看到存储器内容的变化。在 Address 文本框中，输入 D:30H，
查看 AT89C51 的片内 RAM 内容，可以看到，随着程序的执行，从片内 RAM30H～4FH 这 32
个存储单元中分别存入了 00H～1FH，如图 3－15 所示。

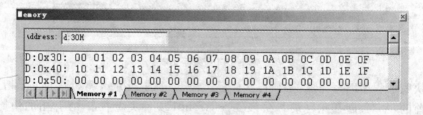

图 3 – 15　片内 RAM 存储空间

3.5.3　在 Proteus 中调试程序

在运行 Proteus ISIS 的执行程序后，进入 Proteus ISIS 编辑环境，按如图 3－16 所示绘制
电路图，晶振频率为 12 MHz。

选中 AT89C51 并单击，打开 Edit Component 对话框，在此对话框中的 Program File 文本
框中，选择先前用 Keil 生成的 HEX 文件，保存设计。在保存设计文件时，最好将与一个设计
相关的文件（如 Keil 项目文件、源程序和 Proteus 设计文件）都存放在一个目录下，以便查找。

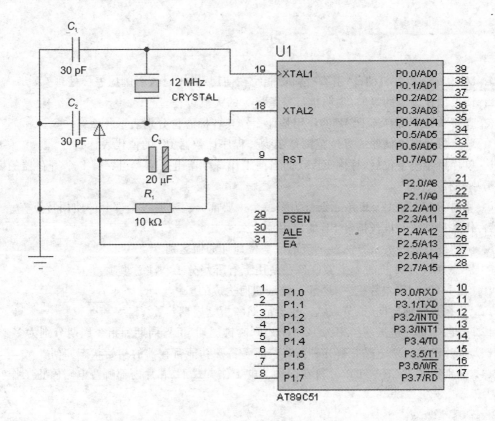

图 3-16 单片机振荡电路与复位电路

单击"运行"按钮,进入程序调试状态,然后再单击"暂停"按钮,并在 Debug 中打开 8051 CPU Internal(IDATA)Memory 观测窗口,在程序运行过程中,可以在窗口中观测到片内 RAM 存储单元的内容的改变,如图 3-17 所示。

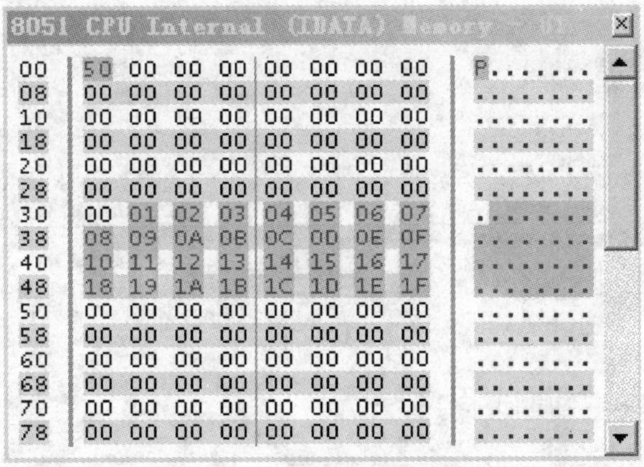

图 3-17 程序运行结果

习　题

1. MCS-51 单片机的$\overline{EA}$引脚有何功能？在使用 8031 时该引脚应怎样处理？

2. 请根据控制器的组成，说明执行一条指令的大概过程。

3. 程序状态字寄存器 PSW 的作用是什么？其各标志位分别表示什么？

4. 单片机程序存储器的寻址范围是多少？程序计数器 PC 的值代表什么？

5. 单片机系统复位后，片内 RAM 的当前工作寄存器组是第几组？其 8 个寄存器的字节地址分别是什么？

6. 片内 RAM 低 128 B 单元划分为哪三个主要部分？说明各个部分的使用特点。

7. 什么是堆栈？堆栈指针 SP 的作用是什么？

8. 位地址有哪些表示方法？字节地址与位地址如何区别？

9. MCS-51 单片机的 4 个 I/O 口在使用上有哪些分工和注意事项？

10. 在 MCS-51 单片机中，地址总线是如何构成的？

11. 什么是时钟周期、拍节、状态、机器周期和指令周期？

12. 若已知单片机振荡频率为 12 MHz，则时钟周期、机器周期和指令周期分别为多少？

13. 单片机的复位电路有哪几种？复位后各特殊功能寄存器的初始状态如何？

14. 分别说明 MCS-51 单片机在两种节电工作方式下，芯片内部哪些电路停止工作？

第 4 章　MCS-51 指令系统

计算机的指令系统是一套控制计算机操作的编码,称之为机器语言。计算机只能识别和执行机器语言的指令。为了容易让人们理解,且便于记忆和使用,通常用符号指令(即汇编语言指令)来描述计算机的指令系统。各种类型的计算机都有相应的汇编程序,能将汇编语言汇编成机器语言指令。

MCS-51 的指令系统包含 5 种类型的指令,定义了 7 种寻址方式,它是一个具有 255 种操作代码的集合,并用 42 种助记符表达这些代码。指令功能的助记符与操作数的各种可能的寻址方式相结合,一共构造出 111 条指令。指令系统还为布尔处理器设计了一个处理布尔变量的指令子集。

在 111 条指令中,单字节指令占 49 条,双字节指令占 45 条,三字节指令占 17 条。从指令执行时间看,单机器周期指令占 64 条,双机器周期指令占 45 条,只有乘和除两条指令的执行时间为 4 个机器周期。在 12 MHz 晶振的条件下,上述三种指令的执行时间分别为 1 μs、2 μs 和 4 μs。由此可见,MCS-51 指令系统在存储空间和时间的利用率上是较高的。此外,MCS-51指令系统还具有很强的寻址功能。

所有这些,对于实时处理系统来说显然是十分重要的。正是由于 MCS-51 指令系统具有功能强、寻址方式多和执行速度快等特点,使它更加适用于实时测控的场合,因此又常将单片机称为微控制器。

通过本章的学习,将应该了解和掌握:MCS-51 指令系统的格式、标识及其助记符;MCS-51指令系统的寻址方式;MCS-51 指令系统的分类及应用。

4.1　指令的格式及标识

4.1.1　汇编指令

MCS-51 汇编指令由操作码助记符字段和操作数字段组成,其指令格式如下:

标号:操作码助记符　　[目的操作数],[源操作数];注释

操作码助记符和目的操作数、源操作数是指令的核心部分;标号是该指令的符号地址;注释是对该指令的解释。方括号中的内容不是每条指令都必须齐全的,它们的有无因指令而异。

MCS-51 指令系统的指令以 8 位二进制数为基础,有单字节、双字节以及三字节指令。

单字节指令中既包含操作码的信息,也包含操作数的信息。这包括两种情况:一种情况是指令的涵义和对象都很明确,不必再用另一字节来表示操作数。例如,将数据指针 DPTR 的内容加 1 这条指令,由于操作的内容和对象都很明确,故不必再加操作数字节。其指令码为:

10100011

另一种情况是用同一个字节中的几位来表示操作数或操作数所在的位置,无需再增加字节来表示操作数或操作数所在的位置。例如,从工作寄存器向累加器 A 传送数据的指令为

"MOV　A，Rn"，其中，Rn 可以是 8 个工作寄存器中的任一个，故在指令码中分出 3 位 rrr 来表示 8 个工作寄存器，用其余各位表示操作码。因此，这条指令的代码为：

$$\boxed{11101rrr}$$

MCS-51 指令系统共有 49 条单字节指令。

双字节指令一般是用一个字节表示操作码，另一个字节表示操作数或操作数的地址。例如，将 8 位二进制数据传送到累加器 A 的指令"MOV　A，# data"，其中，# data 表示 8 位二进制数据，称为立即数。其指令码为：

$$\boxed{01110100} \quad \boxed{立即数}$$

MCS-51 指令系统共有 45 条双字节指令。

三字节指令是用一个字节表示操作码，用两个字节表示操作数。操作数可以是数据，也可以是地址，因此一条指令可有一下 4 种情况：

① $\boxed{操作码}$ $\boxed{立即数}$ $\boxed{立即数}$ ；

② $\boxed{操作码}$ $\boxed{地\ 址}$ $\boxed{立即数}$ ；

③ $\boxed{操作码}$ $\boxed{立即数}$ $\boxed{地\ 址}$ ；

④ $\boxed{操作码}$ $\boxed{地\ 址}$ $\boxed{地\ 址}$ 。

MCS-51 指令系统共有 17 条三字节指令，只占全部 111 条指令的 15%。

就一般情况而言，指令的字节数越少，指令在存储器中占的存储空间就越小，执行速度也越快。从这个角度看，MCS-51 指令系统的设计是较合理的。

4.1.2　伪指令

标准的 MCS-51 汇编程序（如 Intel 公司的 ASM51）还定义了许多伪指令供用户使用。伪指令也称为汇编命令，大多数伪指令汇编时不产生机器语言指令，仅提供汇编控制信息，最常用的有 8 条。

1. 定位伪指令

```
ORG　m
```

m 为十进制数或十六进制数。m 指出在该伪指令后的指令的汇编地址，即生成的机器指令起始存储器地址。在一个汇编语言源程序中允许使用多条定位伪指令，但其值应和前面生成的机器指令存放地址不重叠。

2. 定义字节伪指令

```
DB　X1,X2,…,Xn
```

Xi 为单字节数据，它为十进制数或十六进制数，也可以为一个表达式。Xi 也可以为由单引号''所括起来的一个字符串，这时 Xi 定义的字节长度等于字符串的长度，每一个字符为一个 ASCII 码。

该伪指令把 X1，X2，…，Xn 送目标程序存储器，通常用于定义一个常数表。

3. 定义字伪指令

DW　Y1,Y2,…,Yn

Yi 为双字节数据,可以为十进制数或十六进制数,也可以为一个表达式。该伪指令把 Y1,Y2,…,Yn 送目标程序存储器,经常用于定义一个地址表。

4. 汇编结束伪指令

END

该伪指令指出结束汇编,即使后面还有指令,汇编程序也不做处理。

5. 赋值伪指令

字符名称　　EQU　　　表达式

其功能是将一个特定值赋给一个标号。赋值以后,标号值在整个程序中有效。

这里的字符名称不同于标号,因此不加冒号。表达式可以是常数、地址、标号或表达式。其值为 8 位或 16 位二进制数。赋值以后的字符名称既可以作地址使用,也可以作立即数使用。

例如:

YH　EQU　　7FH

这条伪指令的作用是将片内 RAM 字节地址 7FH 的值赋给字符 YH,在其后的编程中 YH 就代表字节地址 7FH。

6. 定义标号数值伪指令

字符名称　　DATA　　　表达式

其功能是给标号段中的标号赋予数值。

DATA 与 EQU 的区别:

① EQU 定义的字符名必须先定义后使用,而 DATA 定义的字符名可以先使用再定义;

② 用 EQU 可以把符号或数据赋给字符名称,而 DATA 只能把数据赋值给字符名称。

例如:

MN　　DATA　　3000H

表示汇编后,MN 的值为 3000H。

7. 定义存储区伪指令

DS　　　表达式

其功能是从指定地址开始保留若干个字节的存储单元。表达式的值决定了保留多少字节的存储单元。

例如:

BASE: DS　　100

该伪指令将从 BASE 标号地址开始保留 100 个连续的存储单元。

又例如:

ORG	8100H
DS	08H

表示从 8100H 地址开始,保留 8 个连续的存储单元。

8. 位定义伪指令

字符名称	BIT	位地址

其功能是给字符名称赋以位地址,其中位地址可以是用位地址的形式来表示,也可以以字节地址第几位的方式来表示。

例如:

AQ	BIT	P1.7

表示把 P1.7 的位地址赋给变量 AQ,在其后的编程中 AQ 就可以作为 P1.7 使用。

4.1.3　指令中的符号标识

用符号书写的 MCS-51 指令要用到不少约定符号,其标记与涵义如下:

- Rn:工作寄存器,n=0～7。
- Ri:工作寄存器,i=0,1。
- @Ri:间接寻址的 8 位片内 RAM 单元地址(00H～FFH)。
- #data8:8 位立即数。
- #data16:16 位立即数。
- addr16:16 位目标地址,用于 LCALL 和 LJMP 指令,能调用或转移到 64 KB 程序存储器地址空间的任何地方。
- addr11:11 位目标地址,用于 ACALL 和 AJMP 指令,可在下条指令所在的 2 KB 字节页面内调用或转移。
- rel:带符号的 8 位偏移地址,用于 SJMP 和所有条件转移指令,其范围是相对于下条指令第一字节地址的 −128 B～+127 B。
- bit:位地址,片内 RAM 中的可寻址的位和特殊功能寄存器可寻址的位。
- direct:直接地址,其范围为片内 RAM 单元(00H～7FH)和特殊功能寄存器。
- (×):表示地址单元或寄存器中的内容。
- ((×)):表示以×单元或寄存器中的内容为地址间接寻址单元的内容。
- ←:将箭头右边的内容送入箭头左边的单元。
- $:指本条指令起始地址。

4.2　MCS-51 单片机的寻址方式

指令的一个重要组成部分是操作数,它指出了参与运算的数或数所在的地址。所谓寻址方式,就是寻找存放操作数的地址或位置并将其提取出来的方法,它是计算机的重要的性能指标,也是汇编语言程序设计的基础。

MCS-51 单片机的基本寻址方式有 7 种,即寄存器寻址、直接寻址、立即寻址、寄存器间接寻址、变址寻址、相对寻址以及位寻址,通过这 7 种基本寻址方式的组合,可以派生出多种寻址方式。寻址方式与计算机的存储空间结构是密切相关的。对每一种寻址方式可存取的存储空间概括如表 4-1 所列。

表 4-1　操作数寻址方式和相应寻址空间

寻址方式	寻址空间
寄存器寻址	R0～R7、A、B、C、AB(双字节)、DPTR(双字节)
直接寻址	内部 RAM 的低 128 B、特殊功能寄存器 SFR
立即寻址	程序存储器 ROM
寄存器间接寻址	内部 RAM(@Ri、SP)、外部 RAM(@Ri、@DPTR)
变址寻址	程序存储器 ROM(@A+PC、@ A+DPTR)
相对寻址	程序存储器 ROM(PC 当前值的-128 B～+127 B)
位寻址	可位寻址的单元(内部 RAM 的 20H～2FH 单元和部分特殊功能寄存器)

4.2.1　寄存器寻址

寄存器寻址就是以通用寄存器的内容作为操作数,在指令的助记符中直接以寄存器的名字来表示操作数的地址。

MCS-51 的 CPU 并没有专门的硬件通用寄存器,而是把片内数据 RAM 中的一部分(00H～1FH)作为工作寄存器来使用,每次可以使用其中的一组,并以 R0～R7 来命名。至于具体使用哪一组,则可在寄存器寻址指令前,通过 PSW 中的 RS1 和 RS0 来设定。例如:

```
MOV          A,R0
ADD          A,R0
```

都是属于寄存器寻址。前一条指令是将 R0 寄存器中的内容传送到累加器 A;后一条则是对 A 和 R0 的内容做加法运算。

能用于这种寻址方式的寄存器还有 ACC、B、DPTR、AB(双字节)和 C,只是对它们寻址时其具体的寄存器名隐含在操作码中。如指令

```
INC          R0          ;R0←(R0)+1
```

其功能为对 R0 进行操作,使其内容加 1,采用寄存器寻址方式。

4.2.2　直接寻址

直接寻址是指操作数的地址位于操作码之后并存放在程序存储器中,直接包含在指令字节中,而操作数本身则存放在该地址指示的存储单元中。

直接寻址方式可访问两种存储空间。

① 特殊功能寄存器。例如:

```
MOV          30H,P2
```

其中,P2 是特殊功能寄存器,它所代表的直接地址为 A0H。

② 片内数据存储器的低 128 B。例如:

```
MOV          A,70H
ORL          A,34H
```

其中,70H 和 34H 都是片内 RAM 的低 128 B 地址。

应当注意的是,片内 RAM 高于 128 B(对于 8032 或 8052 的情况)必须采用寄存器间接寻址方式。

4.2.3　寄存器间接寻址

寄存器间接寻址时寄存器中的内容为地址,该地址中的内容为操作数。

能够用于寄存器间接寻址的寄存器有:R0、R1、DPTR 和 SP。寄存器间接寻址的存储空间为内部和外部数据 RAM。内部数据 RAM 的寄存器间接寻址采用寄存器 R0 和 R1。外部数据 RAM 的寄存器间接寻址有两种形式:一种是采用 R0 和 R1 作间址寄存器,这时 R0 或 R1 提供低 8 位地址,高 8 位地址由 P2 端口提供;第二种是采用 16 位的 DPTR 作间址寄存器。

例如:

```
MOVX        A,@R1
MOVX        A,@DPTR
```

这两条指令的目的操作数均为 A,采用寄存器寻址,源操作数分别为@R1 和@DPTR,都是采用寄存器间接寻址。

4.2.4　立即寻址

在这种寻址方式中,操作数紧跟在操作码之后。操作数可以为一个字节,也可以为两个字节,立即数由符号"♯"来标识。

例如:

```
MOV         A,♯30H
MOV         DPTR,♯1000H
```

前一条指令的功能是将 8 位的立即数 30H 传送到累加器 A 中,该指令的目的操作数采用寄存器寻址,源操作数采用立即寻址。

第二条指令的功能是将 16 位的立即数 1000H 传送到数据指针 DPTR 中,立即数的高 8 位 10H 装入 DPH,低 8 位 00H 装入 DPL,因此该指令的目的操作数采用寄存器寻址,源操作数采用立即寻址。

4.2.5　变址寻址

在这种寻址方式中,以数据指针 DPTR 和程序计数器 PC 作为基址寄存器,累加器 A 作为变址寄存器,将一个基址寄存器的内容和变址寄存器的内容相加作为操作数地址。

变址寻址方式只能对程序存储器中的数据进行寻址操作。由于程序存储器是只读存储器,所以变址寻址操作只有读操作而无写操作。在指令符号上,采用 MOVC 的形式。

例如:

```
MOVC        A,@A+DPTR
MOVC        A,@A+PC
```

第一条指令的功能是将 A 的内容与 DPTR 的内容相加形成操作数地址,把该地址中的数据传送到累加器 A 中。

第二条指令的功能是将 A 的内容与 PC 的内容相加形成操作数地址,把该地址的数据传送到累加器 A 中。

这两条指令常用于访问程序存储器中的数据表格。

4.2.6　相对寻址

相对寻址是以程序计数器 PC 的当前值(是指读出该双字节或三字节的跳转指令后,PC 指向下一条指令的地址)为基准,加上指令中给出的相对偏移量 rel 以形成目标地址。此种寻址方式的操作是修改 PC 的值,主要用于实现程序的分支跳转。

在跳转指令中,相对偏移量 rel 给出相对于 PC 当前值的跳转范围,其值是一个带符号的 8 位二进制数,取值范围是 -128 B～$+127$ B,以补码形式置于操作码之后存放。当执行跳转指令时,先取出该指令,PC 指向当前值,再把 rel 的值加到 PC 上以形成转移目标地址。

一般将相对转移地址所在的地址称为源地址,转移后的地址称为目的地址,故有

$$目的地址 = 源地址 + 转移指令字节数 + rel$$

例 4-1　若已知下面指令中 rel 的值为 50H,这条指令所在地址为 1000H,则执行指令后,跳转的目的地址为多少?

SJMP	rel

解　这条指令为双字节指令,指令的源地址为 1000H,rel 的值为 50H,则

$$目的地址 = 源地址 + 转移指令字节数 + rel = 1000H + 02H + 50H = 1052H$$

所以,执行该条指令后,跳转到目的地址为 1052H,即指令执行后,PC 的值为 1052H。

4.2.7　位寻址

采用位寻址指令的操作数是 8 位二进制数中的某一位。指令中给出的是位地址。

8051 单片机片内 RAM 有两个区域可以支持位寻址:一个是 20H～2FH 单元的 128 位;另一个是字节地址能被 8 整除的特殊功能寄存器的相应位。

例如:

CLR	bit
CLR	ACC.0

这两条指令的功能都是将寻址位清 0。

4.3　数据传送指令

数据传送指令是最常用、最基本的一类指令。这类指令的一般操作是把源操作数送到目的操作数,指令执行后,源操作数不改变,目的操作数修改为源操作数。

源操作数可以采用寄存器寻址、寄存器间接寻址、直接寻址、立即寻址和变址寻址 5 种寻址方式。

目的操作数可以采用寄存器寻址、寄存器间接寻址和直接寻址 3 种寻址方式。

数据传送指令共有 29 条,为便于记忆和掌握,根据这类指令的特点将其分为以下 5 类分

别在 4.3.1～4.3.5 节中介绍。

4.3.1　片内 RAM 数据传送指令

内部 RAM 的数据传送指令有 16 条,包括寄存器、累加器、专用寄存器、RAM 单元之间的相互数据传送。下面分类进行介绍。

1. 以 A 为目的操作数的指令

MOV	A,#data	;A←data
MOV	A,direct	;A←(direct)
MOV	A,Rn	;A←(Rn)
MOV	A,@Ri	;A←((Ri))

这组指令的功能是把源操作数送入目的操作数 A 中,源操作数的寻址方式分别为立即寻址、直接寻址、寄存器寻址和寄存器间接寻址。

例 4-2　若(R0)=33H,(33H)=47H,执行指令

MOV	A,@R0

则(A)=?。

解

MOV	A,@R0	;A←((R0)),A←(33H),A←47H

所以,(A)=47H。

2. 以 Rn 为目的操作数的指令

MOV	Rn,#data	;Rn←data
MOV	Rn,direct	;Rn←(direct)
MOV	Rn,A	;Rn←(A)

这组指令的功能是把源操作数送入目的操作数 Rn 中,源操作数的寻址方式分别为立即寻址、直接寻址和寄存器寻址。

例 4-3　若(40H)=23H,(R1)=40H,执行下面程序段

MOV	A,@R1
MOV	R5,A

则(A)=?,(R5)=?。

解

MOV	A,@R1	;A←((R1)),A←(40H),A←23H
MOV	R5,A	;R5←(A),R5←23H

所以,(A)=23H,(R5)=23H。

3. 以直接地址 direct 为目的操作数的指令

MOV	direct,#data	;direct←data
MOV	direct,direct	;direct←(direct)
MOV	direct,A	;direct←(A)
MOV	direct,Rn	;direct←(Rn)
MOV	direct,@Ri	;direct←((Ri))

这组指令的功能是把源操作数送入目的操作数 direct 中，源操作数的寻址方式分别为立即寻址、直接寻址、寄存器寻址和寄存器间接寻址。

例 4 - 4　若(56H)=23H，(R1)=40H，(23H)=76H，执行下面程序段

```
         MOV          A,#56H
         MOV          R1,A
         MOV          30H,@R1
```

则(A)=?，(R1)=?，(30H)=?。

解

```
MOV    A,#56H         ;A←56H
MOV    R1,A           ;R1←(A),R1←56H
MOV    30H,@R1        ;30H←((R1)),30H←(56H),30H←23H
```

所以，(A)=56H，(R1)=56H，(30H)=23H。

4. 以@Ri 为目的操作数的指令

```
         MOV          @Ri,#data        ;(Ri)←data
         MOV          @Ri,direct       ;(Ri)←(direct)
         MOV          @Ri,A            ;(Ri)←(A)
```

这组指令的功能是把源操作数送入目的操作数@Ri 中，源操作数的寻址方式分别为立即寻址、直接寻址和寄存器寻址。

例 4 - 5　若(56H)=23H，(23H)=76H，执行下面程序段

```
         MOV          A,#23H
         MOV          R0,A
         MOV          @R0,56H
```

则(A)=?，(R0)=?，(56H)=?，(23H)=?。

解

```
MOV    A,#23H         ;A←23H
MOV    R0,A           ;R0←(A),R0←23H
MOV    @R0,56H        ;(R0)←(56H),23H←23H
```

所以，(A)=23H，(R0)=23H，(56H)=23H，(23H)=23H。

5. 以 DPTR 为目的操作数的指令

```
MOV        DPTR,#data16            ;DPTR←data16
```

这一指令的功能是把源操作数送入目的操作数 DPTR 中，源操作数的寻址方式为立即寻址。data16 表示两字节的立即数，执行指令后，DPH 存放高 8 位立即数，DPL 存放低 8 位立即数。

例 4 - 6　执行指令

```
MOV        DPTR,#1234H
```

则(DPH)=?，(DPL)=?。

解

MOV	DPTR,♯1234H	;DPTR←1234H

所以,(DPTR)=1234H,则(DPH)=12H,(DPL)=34H。

4.3.2 片外 RAM 数据传送指令

MOVX	A,@Ri	;A←((Ri))
MOVX	A,@DPTR	;A←((DPTR))
MOVX	@Ri,A	;(Ri)←(A)
MOVX	@DPTR,A	;(DPTR)←(A)

这组指令的功能是访问片外 RAM,源操作数采用寄存器寻址方式或寄存器间接寻址方式。

对片外 RAM 数据传送指令做如下说明:

① 片外 RAM 数据传送指令均为单字节指令。

② 上述 4 条指令采用了不同的间址寄存器。第二条和第四条用 DPTR 作间址寄存器,因 DPTR 为 16 位地址指针,所以这两条指令可寻址外部 RAM 的整个 64 KB 空间。第一条和第三条指令中的 Ri 代表 R0 或 R1,作低 8 位地址指针,高 8 位地址由 P2 口中的内容提供。

③ 片外 RAM 数据传送指令与片内 RAM 传送指令相比,在助记符中增加了"X","X"是代表外部的意思。

④ 片外 RAM 的数据传送,只能通过累加器 A 进行。

例 4-7 已知片外 RAM(3020H)=48H,执行下面程序段

MOV	DPTR,♯3020H
MOVX	A,@DPTR
MOV	30H,A
MOV	P2,♯30H
MOV	R1,A
MOVX	@R1,A

则(A)=?,(DPTR)=?,(30H)=?,(P2)=?,(R1)=?,(3048H)=?。

解

MOV	DPTR,♯3020H	;DPTR←3020H
MOVX	A,@DPTR	;A←((DPTR)),A←(3020H),A←48H
MOV	30H,A	;30H←(A),30H←48H
MOV	P2,♯30H	;P2←30H
MOV	R1,A	;R1←(A),R1←48H
MOVX	@R1,A	;(R1)←(A),3048H←48H

所以,(A)=48H,(DPTR)=3020H,(30H)=48H,(P2)=30H,(R1)=48H,(3048H)=48H。

4.3.3　程序存储器数据传送指令(查表指令)

MOVC	A,@A+DPTR	;A←((A)+(DPTR))
MOVC	A,@A+PC	;A←((A)+(PC))

这组指令的功能是读程序存储器 ROM,特别适合于查阅 ROM 中已建立的数据表格。源操作数的寻址方式是变址寻址。

对程序存储器数据传送指令作如下说明:

① 这两条指令都是单字节指令。

② 这两条指令都采用了变址寻址方式,但由于采用了不同的基址寄存器,因此寻址范围有所不同。对于前一条指令,因为采用 DPTR 作为基址寄存器,DPTR 可以任意赋值,故这条指令寻址范围是整个程序存储器的 64 KB 空间。对于后一条指令,因为采用 PC 作为基址寄存器,因此只能读出以当前 MOVC 指令为起始的 256 个地址单元之内的某一单元内容。

③ 这两条指令主要用于查表操作。

例 4-8　在程序存储器中,有一个数据表格为:

程序存储器地址	1010H	1011H	1012H	1013H
内　容	02H	04H	06H	08H

执行如下程序:

1000H:	MOV	A,♯0DH
1002H:	MOVC	A,@A+PC
1003H:	MOV	R0,A

则(A)=?,(PC)=?,(R0)=?。

解

1000H:MOV	A,♯0DH	;A←0DH
1002H:MOVC	A,@A+PC	;A←((A)+(PC)),A←(0DH+1003H),A←(1010H),A←02H
1003H:MOV	R0,A	;R0←(A),R0←02H,PC←1004H

所以,(A)=02H,(PC)=1004H,(R0)=02H。

例 4-9　在程序存储器中,有一个数据表格为:

程序存储器地址	7010H	7011H	7012H	7013H
内　容	02H	04H	06H	08H

执行如下程序:

1004H:MOV	A,♯10H
1006H:MOV	DPTR,♯7000H
1009H:MOVC	A,@A+DPTR

则(A)=?,(PC)=?,(DPTR)=?。

解

1004H:MOV	A,#10H	;A←10H
1006H:MOV	DPTR,#7000H	;DPTR←7000H
1009H:MOVC	A,@A+DPTR	;A←((A)+(DPTR)),A←(10H+7000H)
		;A←(7010H),A←02H,PC←100AH

所以,(A)=02H,(PC)=100AH,(DPTR)=7000H。

4.3.4　数据交换指令

XCH	A,direct	;(A)↔(direct)
XCH	A,Rn	;(A)↔(Rn)
XCH	A,@Ri	;(A)↔((Ri))
XCHD	A,@Ri	;(A)3~0↔((Ri))3~0
SWAP	A	;(A)3~0↔(A)7~4

前三条指令的功能是字节数据交换,实现源操作数内容与 A 的内容进行交换;第四条指令的功能是源操作数的低半字节与 A 的低半字节内容交换,高半字节内容不变;最后一条指令的功能是将 A 的低半字节与 A 的高半字节内容交换,并存放回 A 中。

例 4－10　编写程序段,实现以下功能:将片内 RAM30H 单元的低 4 位内容与 A 的低 4 位内容交换,然后将 A 的高 4 位内容存入到片内 RAM20H 单元的低 4 位中,A 的低 4 位内容存入片内 RAM20H 单元的高 4 位中。

解

MOV	R0,#30H
XCHD	A,@R0
SWAP	A
MOV	20H,A

4.3.5　堆栈操作指令

PUSH	direct	;SP←(SP)+1,(SP)←(direct)
POP	direct	;direct←((SP)),SP←(SP)−1

这两条指令是堆栈操作指令,可以实现操作数入栈和出栈功能。第一条指令的功能是先将堆栈指针 SP 的内容加 1,然后将直接地址的内容送入到 SP 所指示的单元中;第二条指令的功能是将 SP 所指示的单元的内容送入到直接地址所指出的单元中,然后将 SP 的内容减 1。

注意,堆栈操作指令通过堆栈指针 SP 进行读写操作,因此它采用以 SP 为寄存器的间接寻址方式。由于单片机系统中 SP 是惟一的,所以在指令中把通过 SP 的间接寻址的操作数项隐含了,只标出直接寻址的操作数项。

例 4－11　编写程序实现以下功能:将片外 RAM2000H 单元的内容压入堆栈,栈顶地址为 30H,然后弹出到 25H 单元中。

解

```
MOV      SP,＃30H
MOV      DPTR,＃2000H
MOVX     A,@DPTR
PUSH     ACC
POP      25H
```

4.3.6　数据传送指令小结

现将数据传送指令小结如下。

① 对于不同的存储器空间采用不同的指令来访问,请注意 MOV、MOVX 和 MOVC 的区别。

② 数据传送指令一般不影响标志位,只有目的操作数为 A 的指令影响奇偶标志位 P 的值。

③ MCS - 51 指令系统没有专用的输入输出指令,它采用数据传送指令来进行 I/O 口的操作。

④ 数据传送指令表如表 4 - 2 所列。

表 4 - 2　数据传送指令表

指　　令	操作码	功　　能	字节数	机器周期
MOV A,＃data	74H　data	A←data	2	1
MOV direct,＃data	75H　direct　data	direct←data	3	2
MOV Rn,＃data	01111rrr　data	Rn←data	2	1
MOV @Ri,＃data	0111011i　data	(Ri)←data	2	1
MOV DPTR,＃data16	90H　dataH　dataL	DPTR←data16	3	2
MOV direct,direct	85H　direct　direct	direct←(direct)	3	2
MOV direct,Rn	10001rrr　direct	direct←(Rn)	2	2
MOV Rn,direct	10101rrr　direct	Rn←(direct)	2	2
MOV direct,@Ri	1000011i　direct	direct←((Ri))	2	2
MOV @Ri,direct	1010011i　direct	(Ri)←(direct)	2	2
MOV A,Rn	11101rrr	A←(Rn)	1	1
MOV Rn,A	11111rrr	Rn←(A)	1	1
MOV A,direct	E5H　direct	A←(direct)	2	1
MOV direct,A	F5H　direct	direct←(A)	2	1
MOV A,@Ri	1110011i	A←((Ri))	1	1
MOV @Ri,A	1111011i	(Ri)←(A)	1	1
MOVX A,@DPTR	E0H	A←((DPTR))	1	2
MOVX @DPTR,A	F0H	(DPTR)←(A)	1	2

指　令	操作码	功　能	字节数	机器周期
MOVX　A,@ Ri	1110001i	A←((P2)(Ri))	1	2
MOVX　@ Ri,A	1111001i	(P2)(Ri)←(A)	1	2
MOVC　A,@A+DPTR	93H	A←((A)+(DPTR))	1	2
MOVC　A,@A+PC	83H	A←((A)+(PC))	1	2
XCH　A,Rn	11001rrr	(A)↔(Rn)	1	1
XCH　A,direct	C5H　direct	(A)↔(direct)	2	1
XCH　A,@Ri	1100011i	(A)↔((Ri))	1	1
XCHD　A,@Ri	1101011i	$(A)_{3\sim0}↔((Ri))_{3\sim0}$	1	1
SWAP　A	C4H	$(A)_{3\sim0}↔(A)_{7\sim4}$	1	1
PUSH　direct	direct	SP←(SP)+1,(SP)←(direct)	2	2
POP　direct	direct	direct←((SP)),SP←(SP)-1	2	2

4.4　算术运算指令

算术运算指令可以完成加、减、乘、除、增 1 和减 1 运算操作。这类指令大多数都同时以 A 为源操作数之一和目的操作数。算术运算操作将影响程序状态字寄存器 PSW 中的溢出标志位 OV、进位标志位 CY、半进位标志位 AC 以及奇偶校验位 P 等。

下面对算术运算指令分类进行介绍。

4.4.1　加法指令

常用的加法指令有 4 种,即不带进位的加法指令,带进位的加法指令,加 1 指令和十进制调整指令。现将分别介绍如下。

1. 不带进位的加法指令

```
ADD        A,♯data        ;A←(A)+data
ADD        A,direct       ;A←(A)+ (direct)
ADD        A,Rn           ;A←(A)+ (Rn)
ADD        A,@Ri          ;A←(A)+ ((Ri))
```

这组指令的功能是源操作数与累加器 A 的内容相加再送入到目的操作数 A 中,源操作数的寻址方式分别为立即寻址、直接寻址、寄存器寻址和寄存器间接寻址。

影响程序状态字寄存器 PSW 中的 OV、C、AC 和 P 的情况如下。

● 进位标志位 C:和的最高位(D7 位)有进位时,C 为 1;否则,C 为 0。

● 半进位标志位 AC:和的低半字节向高半字节(即 D3 位)有进位时,AC 为 1;否则,AC 为 0。

● 溢出标志位 OV:和的最高位(D7 位)、次高位(D6 位)只有一个有进位时,OV 为 1;否则,OV 为 0。即若 $C7⊕C6=1$,则 OV 为 1;否则,OV 为 0。其中 C7 为和的最高位的进位,C7

为和的次高位的进位,溢出表示运算的结果超过了数值所允许的范围。

● 奇偶校验位 P:当 A 中 1 的个数为奇数个时,P 为 1;否则 P 为 0。

例 4 - 12　若(A)=3FH,(40H)=0A5H,执行指令

ADD	A,40H

则(A)=?,(C)=?,(AC)=?,(OV)=?,(P)=?。

解

$$
\begin{array}{rl}
(A): & 0\,0\,1\,1\,1\,1\,1\,1 \\
+\quad(40H): & 1\,0\,1\,0\,0\,1\,0\,1 \\
\hline
结果: & 1\,1\,1\,0\,0\,1\,0\,0 \\
\end{array}
$$

则(A)=0E4H,(C)=0,(AC)=1,(OV)=0,(P)=0。

2. 带进位的加法指令

ADDC	A,♯ data	;A←(A)＋ data ＋(C)
ADDC	A,direct	;A←(A)＋(direct)＋(C)
ADDC	A,Rn	;A←(A)＋(Rn)＋(C)
ADDC	A,@Ri	;A←(A)＋((Ri))＋(C)

这组指令的功能是把源操作数与累加器 A 的内容相加再与进位标志位 C 的值相加,结果送入目的操作数 A 中,源操作数的寻址方式分别为立即寻址、直接寻址、寄存器寻址和寄存器间接寻址。

这组指令的操作影响程序状态字寄存器 PSW 中的 OV、C、AC 和 P 等标志位。

需要说明的是,这里所加的进位标志位 C 的值是在该指令执行之前已经存在的进位标志位的值,而不是执行该指令过程中产生的进位。换句话说,若这组指令执行之前 C 的值为 0,则执行结果与不带进位的加法指令执行结果相同。

例 4 - 13　若(A)=84H,(R1)=30H,(30H)=8DH,(C)=1 执行指令

ADD	A,@R1

则(A)=?,(C)=?,(AC)=?,(OV)=?,(P)=?。

解

$$
\begin{array}{rl}
(A): & 1\,0\,0\,0\,0\,1\,0\,0 \\
(30H): & 1\,0\,0\,0\,1\,1\,0\,1 \\
+\quad(C): & 1 \\
\hline
结果: & 0\,0\,0\,1\,0\,0\,1\,0 \\
\end{array}
$$

则(A)=12H,(C)=1,(AC)=1,(OV)=1,(P)=0。

3. 加 1 指令(增 1 指令)

INC	A	;A←(A)＋1
INC	direct	;direct←(direct)＋1
INC	Rn	;Rn←(Rn)＋1
INC	@Ri	;(Ri)←((Ri))＋1
INC	DPTR	;DPTR←(DPTR)＋1

　　这组指令的功能是把源操作数的内容加1,结果再送回到原单元。这组指令中仅第一条指令影响 P 的状态,其余指令都不影响各标志位的状态。

　　例 4 - 14　若(A)=0FFH,(R2)=0AH,(50H)=0F0H,(R0)=40H,(40H)=00H,执行指令

INC	A
INC	R2
INC	50H
INC	@R0

则(A)=?,(R2)=?,(50H)=?,(R0)=?,(40H)=?。

　　解　执行指令后,其结果分别为(A)=00H,(R2)=0BH,(50H)=0F1H,(R0)=40H,(40H)=01H。

　　4. 十进制调整指令

DA	A	;调整 A 的内容为正确的 BCD 码

　　该指令的功能是对 A 中刚进行的两个 BCD 码的加法的结果作十进制调整。

　　两个压缩的 BCD 码按二进制加法指令相加后,必须经过调整方能得到正确的压缩的 BCD 码的和。调整要完成的任务是:

　　① 当累加器 A 中的低 4 位数出现非 BCD 码(1010～1111)或低 4 位产生进位(AC 的值为1),则应在低 4 位加 6 进行调整,以产生低 4 位正确的 BCD 码结果;

　　② 当累加器 A 中的高 4 位数出现非 BCD 码(1010～1111)或高 4 位产生进位(CY 的值为1),则应在高 4 位加 6 进行调整,以产生高 4 位正确的 BCD 码结果。

　　十进制调整指令会影响进位标志位 C 的值。

　　例 4 - 15　执行以下程序段

MOV	A,#68H
ADD	A,#53H
DA	A

则最终(A)=?,(C)=?。

　　解

$$
\begin{array}{r}
0\,1\,1\,0\,1\,0\,0\,0 \\
+\quad 0\,1\,0\,1\,0\,0\,1\,1 \\
\hline
1\,0\,1\,1\,1\,0\,1\,1 \\
+\quad 0\,1\,1\,0\,0\,1\,1\,0 \\
\hline
1\,0\,0\,1\,0\,0\,0\,0\,1
\end{array}
$$

所以,最终执行结果为(A)=21,(C)=1。

4.4.2　减法指令

　　常用的减法指令有带借位的减法指令和减 1 指令。现分别介绍如下。

1. 带借位的减法指令

SUBB	A, # data	;A←(A)−data −(C)
SUBB	A, direct	;A←(A)−(direct)−(C)
SUBB	A, Rn	;A←(A)−(Rn) −(C)
SUBB	A, @Ri	;A←(A)−((Ri)) −(C)

这组指令的功能是把累加器 A 的内容减去不同寻址方式的减数以及进位标志位 C 的内容,结果再送入累加器 A 中。

对于程序状态字寄存器 PSW 中各标志位的影响情况如下:

① 若差的最高位(D7 位)有借位时,则 C 为 1;否则,C 为 0。

② 若差的低半字节向高半字节(即 D3 位)有借位时,则 AC 为 1;否则,AC 为 0。

③ 若差的最高位(D7 位)、次高位(D6 位)只有一个有借位时,则 OV 为 1;否则,OV 为 0。即若 C7⊕C6=1,则 OV 为 1;否则,OV 为 0。其中 C7 为差的最高位的借位,C7 为差的次高位的借位。

④ 若最终 A 中 1 的个数为奇数个时,则 P 为 1;否则 P 为 0。

如果要用此组指令完成不带借位的减法,则只需先将 C 清 0 即可。

例 4-16　若(C)=1,执行下面程序段:

MOV	A, # 0C9H
MOV	R2, # 54H
SUBB	A, R2

则(A)=?,(C)=?,(AC)=?,(OV)=?,(P)=?。

解

MOV	A, # 0C9H	;(A)=C9H
MOV	R2, # 54H	;(R2)=54H
SUBB	A, R2	;A←(A)−(R2)−1,A←C9H−54H−1

$$
\begin{array}{rl}
(A): & 1\,1\,0\,0\,1\,0\,0\,1 \\
-\ (R2): & 0\,1\,0\,1\,0\,1\,0\,0 \\
\hline
& 0\,1\,1\,1\,0\,1\,0\,1 \\
-\ (C): & \qquad\qquad\quad 1 \\
\hline
\text{结果}: & 0\,1\,1\,1\,0\,1\,0\,0
\end{array}
$$

则(A)=74H,(C)=0,(AC)=0,(OV)=1,(P)=0。

2. 减 1 指令

DEC	A	;A←(A)−1
DEC	direct	;direct←(direct)−1
DEC	Rn	;Rn←(Rn)−1
DEC	@Ri	;(Ri)←((Ri))−1

这组指令的功能是把操作数的内容减 1,并将结果再送回原处。

这组指令中仅第一条指令影响 P 标志位,其余指令都不影响标志位的状态。

例 4 - 17　若(A)=0FFH,(R7)=0FH,(30H)=0F0H,(R0)=40H,(40H)=00H,执行指令

DEC	A
DEC	R7
DEC	30H
DEC	@R0

则(A)=?,(R7)=?,(30H)=?,(R0)=?,(40H)=?。

解　执行指令后,其结果分别为(A)=0FEH,(R7)=0EH,(30H)=0EFH,(R0)=40H,(40H)=0FFH。

4.4.3　乘法指令

MUL	AB	;累加器 A 与 B 寄存器的内容相乘,乘积放入 A 和 B 中

该指令的功能是将累加器 A 与寄存器 B 中的无符号 8 位二进制数相乘,乘积的低 8 位放在 A 中,高 8 位放入 B 中。

当乘积大于 255 时,溢出标志位 OV 为 1;否则 OV 为 0,而进位标志位 C 总是被清 0。

例 4 - 18　若(C)=1,执行下面程序段:

MOV	A,#50H
MOV	B,#0A0H
MUL	AB

则(A)=?,(B)=?,(C)=?,(OV)=?,(P)=?。

解　由于(A)=50H=80,(B)=0A0H=160

则乘积 m=80×160=12 800=3200H>255

所以,(A)=00H,(B)=32H,(C)=0,(OV)=1,(P)=0。

4.4.4　除法指令

DIV	AB	;累加器 A 除以寄存器 B,商放入 A 中,余数放入 B 中

该指令的功能是将累加器 A 中的无符号 8 位二进制数除以寄存器 B 中的无符号 8 位二进制数,商存放在累加器 A 中,余数存放在寄存器 B 中。

当除数为 0 时,则存放在 A 和 B 中的结果不定,且溢出标志位 OV 的内容为 1,表示除法不能进行,否则 OV 为 0,表示除法可以进行,而进位标志位 C 总是被清 0。

例 4 - 19　若(C)=1,执行下面程序段:

MOV	A,#0FBH
MOV	B,#12H
DIV	AB

则(A)=?,(B)=?,(C)=?,(OV)=?,(P)=?。

解 由于(A)＝0FBH＝251,(B)＝12H＝18≠0

则商(A)＝251÷18＝13＝0DH,余数(B)＝17＝11H

所以,(A)＝0DH,(B)＝11H,(C)＝0,(OV)＝0,(P)＝1。

4.4.5 算术运算指令小结

现将算术运算指令小结如下。

① 算术运算指令大多影响 PSW 的状态,但应注意:

a. 加 1 指令 INC 和减 1 指令 DEC 不影响各标志位;

b. 乘、除指令对标志位的影响有其自身的特殊性。

② 十进制调整指令值影响 CY 的值。

③ 十进制调整指令只能调整 BCD 码数的加法运算后的结果,BCD 码数减法要转换为加法后再调整。

④ 算术运算指令如表 4 - 3 所列。

表 4 - 3 算术运算指令表

指　　令	操作码	功　　能	字节数	机器周期
ADD　A,Rn	00101rrr	A←(A)＋(Rn)	1	1
ADD　A,direct	25H　direct	A←(A)＋(direct)	2	1
ADD　A,@Ri	0010011i	A←(A)＋((Ri))	1	1
ADD　A,♯data	24H　data	A←(A)＋ data	2	1
ADDC　A,Rn	00111rrr	A←(A)＋(Rn)＋(C)	1	1
ADDC　A,direct	35H　direct	A←(A)＋(direct)＋(C)	2	1
ADDC　A,@Ri	0011011i	A←(A)＋((Rn))＋(C)	1	1
ADDC　A,♯data	34H　data	A←(A)＋(Rn)＋(C)	2	1
SUBB　A,Rn	10011rrr	A←(A)－(Rn)－(C)	1	1
SUBB　A,direct	95H　direct	A←(A)－(direct)－(C)	2	1
SUBB　A,@Ri	1001011i	A←(A)－((Rn))－(C)	1	1
SUBB　A,♯data	94H　data	A←(A)－data －(C)	2	1
INC　A	04H	A←(A)＋ 1	1	1
INC　Rn	00001rrr	Rn←(Rn)＋ 1	1	1
INC　direct	05H　direct	direct←(direct)＋ 1	2	1
INC　@Ri	0000011i	(Ri)←((Ri))＋ 1	1	1
INC　DPTR	A3H	DPTR←(DPTR)＋ 1	1	2
DEC　A	14H	A←(A)－1	1	1
DEC　Rn	00011rrr	Rn←(Rn)－1	2	1
DEC　direct	15H　direct	direct←(direct)－1	2	1
DEC　@Ri	0001011i	(Ri)←((Ri))－1	1	1
MUL　AB	A4H	A←(A)×(B)的低 8 位 B←(A)×(B)的高 8 位	1	4

指　令	操作码	功　能	字节数	机器周期
DIV　AB	84H	A←(A)÷(B)的商 B←(A)÷(B)的余数	1	4
DA　A	D4H	对 A 中数据进行十进制调整	1	1

4.5　逻辑运算指令

MCS-51 的逻辑运算指令共有 24 条,9 种助记符,完成与、或、异或、清 0、取反和左右移位等各种逻辑运算。下面分类进行介绍。

4.5.1　逻辑与指令

ANL	A,♯data	;A←(A)∧data
ANL	A,direct	;A←(A)∧(direct)
ANL	A,Rn	;A←(A)∧(Rn)
ANL	A,@Ri	;A←(A)∧((Ri))
ANL	direct,♯data	;direct←(direct)∧data
ANL	direct,A	;direct←(direct)∧(A)

前四条指令的功能是把源操作数与累加器 A 的内容相与,结果送入目的操作数 A 中;后两条指令的功能是把源操作数与直接地址指定的单元内容相与,结果送入直接地址指定的单元中。

例 4 - 20　若(A)＝1FH,(30H)＝83H,执行指令

ANL　　　　A,30H

则(A)＝?,(30H)＝?。

解

$$
\begin{array}{rl}
(A): & 0\,0\,0\,1\,1\,1\,1\,1 \\
\wedge\quad (30H): & 1\,0\,0\,0\,0\,0\,1\,1 \\
\hline
结果: & 0\,0\,0\,0\,0\,0\,1\,1
\end{array}
$$

所以,(A)＝03H,(30H)＝83H。

例 4 - 21　若(20H)＝0C6H,执行指令

ANL　　　　20H,♯0F0H

则(20H)＝?,这条指令的作用是什么?

解

$$
\begin{array}{rl}
(20H): & 1\,1\,0\,0\,0\,1\,1\,0 \\
\wedge\quad & 1\,1\,1\,1\,0\,0\,0\,0 \\
\hline
结果: & 1\,1\,0\,0\,0\,0\,0\,0
\end{array}
$$

所以,(20H)=0C0H。

这条指令的作用是将片内 RAM20H 单元的低 4 位清 0,高 4 位保持不变。

4.5.2 逻辑或指令

ORL	A,#data	;A←(A)∨data
ORL	A,direct	;A←(A)∨(direct)
ORL	A,Rn	;A←(A)∨(Rn)
ORL	A,@Ri	;A←(A)∨((Ri))
ORL	direct,#data	;direct←(direct)∨data
ORL	direct,A	;direct←(direct)∨(A)

前四条指令的功能是把源操作数与累加器 A 的内容相或,结果送入目的操作数 A 中;后两条指令的功能是把源操作数与直接地址指定的单元内容相或,结果送入直接地址指定的单元中。

例 4-22 若(A)=0B3H,(R4)=85H,执行指令

ORL	A,30H

则(A)=?,(R4)=?。

解

$$
\begin{array}{rl}
 & \text{(A)}: \quad 1\ 0\ 1\ 1\ 0\ 0\ 1\ 1 \\
\lor & \text{(R4)}: \quad 1\ 0\ 0\ 0\ 0\ 1\ 0\ 1 \\
\hline
 & \text{结果}: \quad 1\ 0\ 1\ 1\ 0\ 1\ 1\ 1
\end{array}
$$

所以,(A)=0B7H,(R4)=85H。

例 4-23 若(20H)=02H,执行指令

ORL	20H,#10010101B

则(20H)=?,这条指令的作用是什么?

解

$$
\begin{array}{rl}
 & \text{(20H)}: \quad 0\ 0\ 0\ 0\ 0\ 0\ 1\ 0 \\
\lor & \qquad\quad 1\ 0\ 0\ 1\ 0\ 1\ 0\ 1 \\
\hline
 & \text{结果}: \quad 1\ 0\ 0\ 1\ 0\ 1\ 1\ 1
\end{array}
$$

所以,(20H)=97H。

这条指令的作用是将片内 RAM20H 单元的第 7 位、第 4 位、第 2 位和第 0 位置为 1,其余位保持不变。

4.5.3 逻辑异或指令

XRL	A,#data	;A←(A)⊕data
XRL	A,direct	;A←(A)⊕(direct)

XRL	A,Rn	;A←(A)⊕(Rn)
XRL	A,@Ri	;A←(A)⊕((Ri))
XRL	direct,#data	;direct←(direct)⊕data
XRL	direct,A	;direct←(direct)⊕(A)

前四条指令的功能是把源操作数与累加器 A 的内容相异或,结果送入目的操作数 A 中;后两条指令的功能是把源操作数与直接地址指定的单元内容相异或,结果送入直接地址指定的单元中。

例 4 - 24　若(A)=0B3H,(R0)=40H,(40H)=87H,执行指令

| XRL | A,@R0 |

则(A)=?,(R0)=?,(40H)=?。

解

| XRL | A,@Ri | ;A←(A)⊕((Ri)),A←(A)⊕(40H) |

$$
\begin{array}{ll}
(A): & 1\,0\,1\,1\,0\,0\,1\,1 \\
\oplus\quad (40H): & 1\,0\,0\,0\,0\,1\,1\,1 \\
\hline
结果: & 0\,0\,1\,1\,0\,1\,0\,0
\end{array}
$$

所以,(A)=34H,(R0)=40H,(40H)=87H。

例 4 - 25　若(30H)=6EH,执行指令

| XRL | 30H,#0FH |

则(30H)=?,这条指令的作用是什么?

解

$$
\begin{array}{ll}
(30H): & 0\,1\,1\,0\,1\,1\,1\,0 \\
\oplus & 0\,0\,0\,0\,1\,1\,1\,1 \\
\hline
结果: & 0\,1\,1\,0\,0\,0\,0\,1
\end{array}
$$

所以,(30H)=61H。

这条指令的作用是将片内 RAM30H 单元的低 4 位取反,高 4 位保持不变。

4.5.4　清 0 与取反指令

| CLR | A | ;A←0 |
| CPL | A | ;A←(Ā) |

这两条指令的功能分别是把 A 的内容清 0 和取反,结果仍存放在 A 中。

例 4 - 26　若(A)=27H,执行指令

| CPL | A |

则(A)=?。

解　由于未执行执行前,(A)=27H=00100111B,所以执行指令后,(A)=11011000B=0D8H。

4.5.5　循环指令

RR	A	;A6~0←(A)7~1,A7←(A)0
RL	A	;A7~1←(A)6~0,A0←(A)7
RRC	A	;A7←(C),A6~0←(A)7~1,C←(A)0
RLC	A	;A0←(C),A7~1←(A)6~0,C←(A)7

前两条指令是将 A 的内容循环右移、左移一位;后两条指令是将 A 的内容和进位标志位 CY 的状态一起循环右移、左移一位。左移一位相当于乘 2,而右移一位相当于除以 2。

例 4-27　利用移位指令实现累加器 A 的内容乘 6,假设乘积小于 256。

解　实现程序如下:

RL	A	;将 A 的内容乘 2
MOV	30H,A	;将 A 的内容暂存在片内 RAM30H 单元中
RL	A	;将原先 A 的内容乘 4
ADD	A,30H	;将原先 A 的内容乘 6

例 4-28　编程实现:将 R2R3 中的一个双字节左移一位,最低位补 0,最高位存在 CY 中,假设 R2 中存放的是高字节,R3 中为低字节。

解　实现程序如下:

CLR	C	
MOV	A,R3	
RLC	A	;低字节左移一位,A 的最低位补 0,最高位放入 CY 中
MOV	R3,A	
MOV	A,R2	
RLC	A	;高字节左移一位
MOV	R2,A	

4.5.6　逻辑运算指令小结

现将逻辑运算指令小结如下。

① 逻辑运算指令都是按位进行操作的。

② 逻辑与、逻辑或和逻辑异或三组指令各有 6 条,都采用了相同的寻址方式,4 条是以 A 为目的操作数,两条是以直接地址为目的操作数,这便于对片内 RAM 单元和专用寄存器进行逻辑运算。

③ MCS-51 没有求补指令,若进行求补操作,可按"取反加 1"进行。

④ 逻辑运算一般不影响 PSW,仅当目的操作数为 A 时对奇偶校验位 P 有影响,带进位的移位指令影响 CY 的值。

⑤ 逻辑运算指令表如表 4-4 所列。

表 4 - 4 逻辑运算指令表

指　令	操作码	功　能	字节数	机器周期
ANL　A,Rn	01011rrr	$A \leftarrow (A) \wedge (Rn)$	1	1
ANL　A,@Ri	0101011i	$A \leftarrow (A) \wedge ((Ri))$	1	1
ANL　A,#data	54H　data	$A \leftarrow (A) \wedge data$	2	1
ANL　A,direct	55H　direct	$A \leftarrow (A) \wedge (direct)$	2	1
ANL　direct,A	52H　direct	$direct \leftarrow (direct) \wedge (A)$	2	1
ANL　direct,#data	53H　direct　data	$direct \leftarrow (direct) \wedge data$	3	2
ORL　A,Rn	01001rrr	$A \leftarrow (A) \vee (Rn)$	1	1
ORL　A,@Ri	0100011i	$A \leftarrow (A) \vee ((Ri))$	1	1
ORL　A,#data	44H　data	$A \leftarrow (A) \vee data$	2	1
ORL　A,direct	45H　direct	$A \leftarrow (A) \vee (direct)$	2	1
ORL　direct,A	42H　direct	$direct \leftarrow (direct) \vee (A)$	2	1
ORL　direct,#data	43H　direct　data	$direct \leftarrow (direct) \vee data$	3	2
XRL　A,Rn	01101rrr	$A \leftarrow (A) \oplus (Rn)$	1	1
XRL　A,@Ri	0110011i	$A \leftarrow (A) \oplus ((Ri))$	1	1
XRL　A,#data	64H　data	$A \leftarrow (A) \oplus data$	2	1
XRL　A,direct	65H　direct	$A \leftarrow (A) \oplus (direct)$	2	1
XRL　direct,A	62H　direct	$direct \leftarrow (direct) \oplus (A)$	2	1
XRL　direct,#data	63H　direct　data	$direct \leftarrow (direct) \oplus data$	3	2
CLR　A	E4H	$A \leftarrow 0$	1	1
CPL　A	F4H	$A \leftarrow (\overline{A})$	1	1
RL　A	23H	$A_{7 \sim 1} \leftarrow (A)_{6 \sim 0}, A_0 \leftarrow (A)_7$	1	1
RR　A	03H	$A_{6 \sim 0} \leftarrow (A)_{7 \sim 1}, A_7 \leftarrow (A)_0$	1	1
RLC　A	33H	$A_0 \leftarrow (C), A_{7 \sim 1} \leftarrow (A)_{6 \sim 0}, C \leftarrow (A)_7$	1	1
RRC　A	13H	$A_7 \leftarrow (C), A_{6 \sim 0} \leftarrow (A)_{7 \sim 1}, C \leftarrow (A)_0$	1	1

4.6　控制转移指令

通常情况下,程序的执行是按顺序进行的,但也可以根据需要改变程序的执行顺序,这种情况称作程序转移。控制程序的转移要利用转移指令(17 条)。

8051 的转移指令有无条件转移、条件转移、子程序调用与返回指令和空操作指令。下面分类进行介绍。

4.6.1　无条件转移指令

常用的无条件转移指令有 4 种,即短跳转指令、长跳转指令、相对转移指令和变址寻址转移指令。现将分别介绍如下。

1. 短跳转指令

AJMP　　　　　addr11　　　　　　;$PC \leftarrow (PC) + 2, PC_{10 \sim 0} \leftarrow addr11$

　　这是一条双字节指令,它的功能是:先将 PC 的内容加 2,使 PC 指向下一条指令,然后将 addr11 送入 PC 的低 11 位,PC 的高 5 位保持不变,形成新的 PC 的值,实现程序的转移。

　　由于 addr11 是 11 位地址,其最小值为 000H,最大值为 7FFFH,因此短跳转指令的最大跳转范围为 2 KB。

　　例 4-29　在程序存储器 ROM 的 1880H 地址单元中存放一条指令:

　　　　　　　　AJMP　　　　　　0397H

则执行该条指令后,PC 的值为多少?

　　解

　AJMP　　　0397H　　　;PC←(PC)+2,PC←1880H+2,(PC)=1882H=0001100010000010B
　　　　　　　　　　　　;$PC_{10\sim0}$←addr11,$PC_{10\sim0}$←0397H,(PC)=0001101110010111B=1B97H

所以,执行该条指令后,PC 的值为 1B97H。

　　2. 长跳转指令

　　　　　　　　LJMP　　　　　addr16　　　　　　　　;PC←addr16

　　这是一条三字节指令,它的功能是:将 16 位地址送给 PC,从而实现程序的转移。由于操作码提供了 16 位地址,所以可在 64 KB 程序存储器范围内跳转,跳转范围为 64 KB。

　　例 4-30　在程序存储器 ROM 的 0123H 地址单元中存放一条指令:

　　　　　　　　LJMP　　　　　　1234H

则执行该条指令后,PC 的值为多少?

　　解

　LJMP　　　addr16　　　;PC←addr16,PC←1234H,(PC)=1234H

所以,执行该条指令后,PC 的值为 1234H。

　　3. 相对转移指令

　　　　　　　　SJMP　　　　　rel　　　　　　　　　;PC←(PC)+2,PC←(PC)+rel

　　这是一条双字节指令,其功能是:首先将 PC 的内容加 2,再与 rel 相加后形成转移目的地址,其中 rel 是 8 位补码形式表示的偏移量。该条指令的转移范围为以本指令所在地址加 2 为基准,向后(低地址)转移 128 B,向前(高地址)转移 127 B,也就是说,转移范围为 -128 B~$+127$ B,共 256 个字节。

　　例 4-31　若标号"NEWADD"表示转移目的地址为 0123H,PC 的当前值为 0100H,执行指令"SJMP　NEWADD"后,程序将转向 0123H 处执行,求此时 8 位偏移量 rel 为多少?

　　解　rel=0123H$-$(0100H+2)=21H。

　　4. 变址寻址转移指令(散转指令)

　　　　　　　　JMP　　　　　　@A+DPTR　　　　　　; PC←(A)+(DPTR)

　　这是一条单字节转移指令,转移到目的地址为 A 的内容和 DPTR 的内容之和。该指令具有散转功能,可以代替许多判别跳转指令。该指令执行时对标志位无影响。

例 4－32 试分析以下程序段的功能。

	MOV	DPTR,＃TAB
	JMP	@A+DPTR
TAB：	AJMP	L1
	AJMP	L2
	AJMP	L3

解 当(A)＝00H 时,程序将跳转到 L1 处执行;

当(A)＝02H 时,程序将跳转到 L2 处执行;

当(A)＝04H 时,程序将跳转到 L3 处执行。

4.6.2 条件转移指令

条件转移指令是指当某种条件满足时,程序进行转移,否则程序将按顺序执行。MCS－51 所有条件转移指令都是采用相对寻址方式得到转移的目的地址。

条件转移指令包括累加器 A 的判 0 转移指令、比较不相等转移指令和减 1 不为 0 转移指令。现将分别介绍如下。

1. 累加器 A 的判 0 转移指令

JZ	rel	;若(A)＝00H,则 PC←(PC)+2+rel
JNZ	rel	;若(A)≠00H,则 PC←(PC)+2+rel

该组指令都是双字节指令,它们的功能是:对累加器 A 的内容为 0 和不为 0 进行判断并转移,当不满足各自的条件时,程序继续向下执行,当各自的条件满足时,程序转向指定的目标地址。指令执行时对各标志位不影响。

例 4－33 执行以下程序段

	MOV	A,＃00H
	JZ	L1
	MOV	R2,＃30H
	AJMP	L2
L1：	MOV	R2,＃40H
L2：	INC	A

则(A)＝?,(R2)＝?。

解

	MOV	A,＃00H	;(A)＝00H
	JZ	L1	;由于(A)＝00H,所以程序转移到 L1 处执行
	MOV	R2,＃30H	
	AJMP	L2	
L1：	MOV	R2,＃40H	;(R2)＝40H
L2：	INC	A	;(A)＝01H

所以,(A)＝01H,(R2)＝40H。

2. 比较不相等转移指令

CJNE	A,#data,rel	;若(A)≠data,则 PC←(PC)+3+rel
CJNE	A,direct,rel	;若(A)≠(direct),则 PC←(PC)+3+rel
CJNE	Rn,#data,rel	;若(Rn)≠data,则 PC←(PC)+3+rel
CJNE	@Ri,#data,rel	;若((Ri))≠data,则 PC←(PC)+3+rel

这组指令都是三字节指令。它们的功能是:对指定的目的操作数和源操作数进行比较,若它们的值不相等则转移,转移的目标地址为当前的 PC 值加 3 后,再加指令的第三字节偏移量 rel;若目的操作数大于源操作数,则进位标志位 C 的值为 0;若目的操作数小于源操作数,则进位标志位 C 的值为 1;若目的操作数等于源操作数,则程序将继续向下执行。

例 4-34 执行以下程序段

	MOV	A,#40H
	CJNE	A,#33H,L1
	MOV	R2,#01H
	AJMP	L2
L1:	MOV	R2,#00H
L2:	DEC	A

则(A)=?,(R2)=?。

解

	MOV	A,#40H	;(A)=40H
	CJNE	A,#33H,L1	;(A)=40H≠33H,则程序跳转
	MOV	R2,#01H	
	AJMP	L2	
L1:	MOV	R2,#00H	;(R2)=00H
L2:	DEC	A	;(A)=3FH

所以,(A)=3FH,(R2)=00H。

3. 减 1 不为 0 转移指令

DJNZ	Rn,rel	;Rn←(Rn)-1
		;若(Rn)≠0,则转移,否则向下执行
DJNZ	direct,rel	;direct←(direct)-1
		;若(direct)≠0,则转移,否则向下执行

这组指令每执行一次,便将目的操作数的内容减 1,并判断其是否为 0,若不为 0,则转移到目标地址继续执行,若等于 0,则程序向下执行,这组指令主要用于循环程序的判断。

例 4-35 执行以下程序段,问(A)=?

	MOV	23H,#0AH
	CLR	A
LOOP:	ADD	A,23H
	DJNZ	23H,LOOP
	SJMP	$

解 该程序段执行后,(A)＝10＋9＋8＋7＋6＋5＋4＋3＋2＋1＝55＝37H。

4.6.3 子程序调用与返回指令

子程序调用与返回指令包括短调用指令、长调指令、子程序返回指令和中断子程序返回指令。现将分别介绍如下。

1. 短调用指令

ACALL	addr11	;PC←(PC)+2,SP←(SP)+1,(SP)←(PC)7~0
		;SP←(SP)+1,(SP)←(PC)15~8,PC10~0←addr11

本指令为双字节指令,可实现子程序的调用功能。在执行时,被调用的子程序的首地址必须设在包含当前指令(即调用指令的下一条指令)的第一个字节在内的 2 KB 范围内的程序存储器中。该指令的执行不影响任何标志位。

2. 长调用指令

LCALL	addr16	;PC←(PC)+3,SP←(SP)+1,(SP)←(PC)7~0
		;SP←(SP)+1,(SP)←(PC)15~8,PC←addr16

本指令为三字节指令,可实现子程序的调用功能。在执行时,被调用的子程序的首地址可以设在 64 KB 范围内的程序存储器空间的任何位置。该指令的执行不影响任何标志位。

3. 子程序返回指令

RET	;PC15~8←((SP)),SP←(SP)-1
	;PC7~0←((SP)),SP←(SP)-1

子程序执行完后,程序应返回到原调用指令的下一条指令处继续执行。因此,在子程序的结尾必须设置返回指令。

RET 指令的功能是从堆栈中弹出由调用指令压入堆栈保护的断点地址,并送入指令计数器 PC,从而结束子程序的执行,程序返回到断点处(即调用指令的下一条指令处)继续执行。

4. 中断子程序返回指令

RETI	;PC15~8←((SP)),SP←(SP)-1,PC7~0←((SP)),SP←(SP)-1

RETI 指令是专用于中断服务程序返回的指令,除正确返回中断断点处继续执行主程序以外,还要告知中断系统已经结束中断服务程序的执行,恢复中断逻辑以接受新的终端请求。如果在执行 RETI 指令时已有一个同级或低级中断请求,或者正在执行 RETI 指令时有高级中断请求,则均需在执行完 RETI 指令后,返回断点,然后再执行一条指令后才响应新的中断请求。因此,中断服务程序的末尾必须用 RETI 指令。

4.6.4 空操作指令

NOP	;PC←(PC)+1

这条指令不产生任何控制操作,只是将程序计数器 PC 的内容加 1。执行该指令需要 12 个时钟周期。因此,这条指令常用来实现等待或延时。

4.6.5　控制转移指令小结

现将控制转移指令小结如下。

① 三条无条件转移指令 LJMP、AJMP 和 SJMP 有不同的转移范围。LJMP 指令可在 64 KB 范围内转移,但该指令为三字节指令;AJMP 指令的转移范围为 2 KB,指令长度为双字节;SJMP 指令中给出 8 位的相对地址,转移范围为 256 B,指令长度为双字节。根据三条指令的特点可以找到各自的使用场合。

② 子程序调用指令 LCALL 和 ACALL 的转移方式和范围同无条件转移的两条指令。

③ 控制转移指令中,除 CJNE 外都不影响 PSW 的状态。CJNE 指令有别于其他条件转移指令,它不仅用于程序的转移,而且还可用于两个数值间的比较。

④ 控制转移指令表如表 4-5 所列。

表 4-5　控制转移指令表

指　令	操作码	功　能	字节数	机器周期
LJMP　addr16	02H $a_{15} \sim a_8$ $a_7 \sim a_0$	PC←addr16	3	2
AJMP　addr11	$a_{10} a_9 a_8 00001$ $a_7 \sim a_0$ $a7 \sim a0$	PC←(PC)+2,$PC_{10 \sim 0}$←addr11	2	2
SJMP　rel	80H　rel	PC←(PC)+2+rel	2	2
JMP　@A+DPTR	73H	PC←(A)+(DPTR)	1	2
JZ　rel	60H　rel	(A)=0,转移	2	2
JNZ　rel	70H　rel	(A)≠0,转移	2	2
CJNE　A,#data,rel	B4H　data　rel	(A)≠data,转移	3	2
CJNE　A,direct,rel	B4H　direct　rel	(A)≠(direct),转移	3	2
CJNE　Rn,#data,rel	10111rrr　data　rel	(Rn)≠data,转移	3	2
CJNE　@Ri,#data,rel	1011011i　data　rel	((Ri))≠data,转移	3	2
DJNZ　Rn,rel	11011rrr　rel	Rn←(Rn)-1,(Rn)≠0,转移	2	2
DJNZ　direct,rel	D5H　direct　rel	direct←(direct)-1,(direct)≠0,转移	3	2
LCALL　addr16	12H $a_{15} \sim a_8$ $a_7 \sim a_0$	断点入栈,PC←addr16	3	2
ACALL　addr11	$a_{10} a_9 a_8 10001$ $a_7 \sim a_0$	断点入栈,$PC_{10 \sim 0}$←addr11	2	2
RET	22H	子程序返回指令	1	2
RETI	32H	中断服务子程序返回指令	1	2
NOP	00H	PC←(PC)+1	1	1

4.7　布尔操作指令

布尔操作又称为位操作,它是以位为单位进行的各种操作。8051 单片机具有较强的位处理器能力,在其硬件结构中设有一个位处理器,具有一套完整的处理位变量的指令集。在进行位操作时,以进位标志位 C 作为位累加器。位操作指令中的位地址有四种表示形式:一是采用直接地址方式,二是采用点操作符方式,三是采用位名称方式,四是采用伪指令定义方式。

下面对位操作指令分类进行介绍。

4.7.1　位变量传送指令

MOV	bit,C	;bit←(C)
MOV	C,bit	;C←(bit)

这两条指令可以实现地址单元与位累加器之间的数据传送。由于两个可寻址位之间没有直接的传送指令,因此,若要完成这种传送,可以通过 C 作为中介来实现。

例 4 - 36　若(C)=1,(P3)=3FH,(P2)=0B4H,执行以下程序段:

MOV	P2.6,C	
MOV	C,P3.6	
MOV	P2.2,C	

则(C)=?,(P3)=?,(P2)=?。

解　因为(P3)=3FH=00111111B,(P2)=0B4H=10110100B,

MOV	P2.6,C	;P2.6←(C),(P2.6)=1
MOV	C,P3.6	;C←(P3.6),(C)=0
MOV	P2.2,C	;P2.2←(C),(P2.2)=0

所以,(P2)=11110000B=0F0H,

则(C)=0,(P3)=3FH,(P2)=0F0H。

4.7.2　位清 0 和置位指令

CLR	bit	;bit←0
CLR	C	;C←0
SETB	bit	;bit←1
SETB	C	;C←1

前两条指令为位清 0 指令,可实现地址单元与位累加器的清 0 功能;后两条指令为置位指令,可以实现地址单元和位累加器的置位功能。

例 4 - 37　已知片内 RAM(20H)=0A6H,(21H)=5EH,执行以下程序段:

CLR	C	
MOV	02H,C	
SETB	21H.5	

则(20H)=?,(21H)=?。

解

CLR	C	;(C)=0
MOV	02H,C	;(02H)=(20H.2)=0,(20H)=10100010B=0A2H
SETB	21H.5	;(21H.5)=1,(21H)=01111110B=7EH

所以,(20H)=0A2H,(21H)=7EH。

4.7.3　位逻辑运算指令

ANL	C,bit	;C←(C)∧(bit)
ANL	C,/bit	;C←(C)∧($\overline{\text{bit}}$)
ORL	C,bit	;C←(C)∨(bit)
ORL	C,/bit	;C←(C)∨($\overline{\text{bit}}$)
CPL	C	;C←($\overline{\text{C}}$)
CPL	bit	;bit←($\overline{\text{bit}}$)

第一、二条指令可以实现位地址单元的内容或者取反后的值与位累加器的内容相与,操作的结果送位累加器 C 中;第三、四条指令可以实现位地址单元的内容或者取反后的值与位累加器的内容相或,操作的结果送位累加器 C 中;最后两条指令可以实现位累加器的内容或位地址单元的内容的取反。

注意:位逻辑与和位逻辑或的执行并不影响源操作数 bit 位地址的内容。

例 4 - 38　编写程序段实现:将两个位地址 20H 和 21H 中的内容进行异或操作,并将结果放入位地址 22H 中。

解　异或运算是按公式 $Z = X \oplus Y = \overline{X} \wedge Y \vee X \wedge \overline{Y}$ 来进行的。

MOV	C,21H	
ANL	C,/20H	;C←($\overline{\text{20H}}$)∧(21H)
MOV	22H,C	
MOV	C,20H	
ANL	C,/21H	;C←(20H)∧($\overline{\text{21H}}$)
ORL	C,22H	
MOV	22H,C	

4.7.4　位条件转移指令

JBC	bit,rel	;若(bit)=1,则转移,且(bit)=0,否则程序向下执行
JB	bit,rel	;若(bit)=1,则转移,否则程序向下执行
JNB	bit,rel	;若(bit)=0,则转移,否则程序向下执行
JC	bit,rel	;若(C)=1,则转移,否则程序向下执行
JNC	bit,rel	;若(C)=0,则转移,否则程序向下执行

前三条指令是以位状态为条件的转移指令,其中 JB 和 JBC 的功能类似,不同的是,若满足转移条件,JB 只具备转移功能,而 JBC 除了转移功能外,还具有将 bit 位地址清 0 的功能;后两条指令是以 C 状态为条件的转移指令。

例 4 - 39　执行以下程序段,求(20H)=?

MOV	20H,#38H	
JBC	02H,L1	
INC	20H	

L1:	JBC	00H,L2
	INC	20H
L2:	DEC	20H

解

	MOV	20H,#38H	;(20H)=38H=00111000B
	JBC	02H,L1	;由于(02H)=0,所以程序向下执行
	INC	20H	;(20H)=39H=00111001B
L1:	JBC	00H,L2	;由于(00H)=1,程序转移到L2,且(00H)=0
	INC	20H	
L2:	DEC	20H	;(20H)=00111000B-1=00110111B=37H

所以,(20H)=37H。

4.7.5　布尔操作指令小结

现将布尔操作指令小结如下。

① 这类指令中所使用的地址全部是位地址,不能与片内 RAM 字节地址混淆。

② 布尔操作指令和字节操作指令一样,有传送指令、运算指令、跳转指令、位置指令和复位指令。

③ 这类指令中,除了涉及 CY 及 PSW 的有关位操作外,不影响 PSW。

④ 布尔操作指令表如表 4-6 所列。

表 4-6　布尔操作指令表

指　令	操作码	功　能	字节数	机器周期
MOV　C,bit	A2H　bit	C←(bit)	2	1
MOV　bit,C	92H　bit	bit←(C)	2	1
CLR　C	C3H	C←0	1	1
CLR　bit	C2H　bit	Bit←0	2	1
SETB　C	D3H	C←1	1	1
SETB　bit	D2H　bit	Bit←1	2	1
ANL　C,bit	82H　bit	C←(C)∧(bit)	2	2
ANL　C,/bit	B0H　bit	C←(C)∧($\overline{\text{bit}}$)	2	2
ORL　C,bit	72H　bit	C←(C)∨(bit)	2	2
ORL　C,/bit	A0H　bit	C←(C)∨($\overline{\text{bit}}$)	2	2
CPL　C	B3H	C←($\overline{\text{C}}$)	1	1
CPL　bit	B2H　bit	bit←($\overline{\text{bit}}$)	2	1
JC　rel	40H　rel	若(C)=1,则转移,否则向下执行	2	2
JNC　rel	50H　rel	若(C)=0,则转移,否则向下执行	2	2
JB　bit,rel	20H　bit　rel	若(bit)=1,则转移,否则向下执行	3	2
JNB　bit,rel	30H　bit　rel	若(bit)=0,则转移,否则向下执行	3	2
JBC　bit,rel	10H　bit　rel	若(bit)=1,则转移,且清0,否则向下执行	3	2

4.8　P1 口输入/输出应用实例

4.8.1　设计要求

采用 P1.0 和 P1.1 作输入接两个波段开关 K_1 和 K_2，P1.6 和 P1.7 作输出接两个发光二极管 D_1 和 D_2。编写程序读取开关状态，并在发光二极管上显示出来，即使得，当 K_1 闭合时，D_1 亮，断开时，D_1 灭；当 K_2 闭合时，D_2 亮，断开时，D_2 灭。

4.8.2　硬件设计

在运行 Proteus ISIS 的执行程序后，进入 Proteus ISIS 编辑环境，按表 4-7 所列的元件清单添加元件。

元件全部添加后，在 Proteus ISIS 的编辑区按图 4-1 所示的电路原理图连接硬件电路。

表 4-7　元件清单

元件名称	所属类	所属子类
AT89C51	Microprocessor ICs	8051 Family

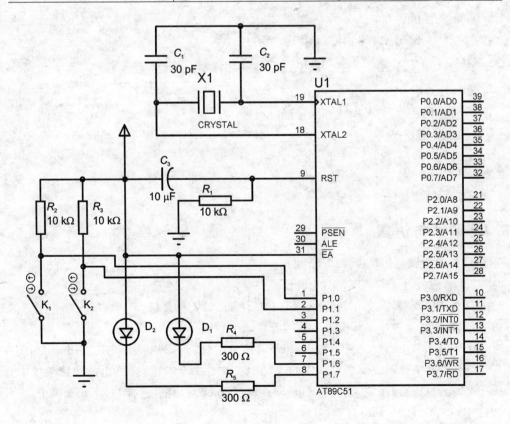

图 4-1　电路原理图

元件名称	所属类	所属子类
CAP	Capacitors	Generic
CAP - POL	Capacitors	Generic
CRYSTAL	Miscellaneous	—
RES	Resistors	Generic
SWITCH	Switch & Relays	Switches
LED - YELLOW	Optoelectronics	LEDs

4.8.3　程序设计

P1 口为准双向口,它作为输出口时与一般的双向口使用方法相同。由准双向口结构可知,当 P1 口用作输入口时,必须先对口的锁存器写 1,若不先对它写 1,读入的数据是不正确的。

系统参考程序如下:

```
            ORG         0000H
            LJMP        MAIN
            ORG         0030H
MAIN:       SETB        P1.0
            SETB        P1.1
LOOP:       MOV         C,P1.0
            MOV         P1.6,C
            MOV         C,P1.1
            MOV         P1.7,C
            AJMP        LOOP
            END
```

4.8.4　调试与仿真

对该设计的调试与仿真步骤如下:

① 打开 Keil μVision3,新建 Keil 项目。

② 选择 CPU 类型,此例中选择 ATMEL 的 AT89C51 单片机。

③ 新建汇编源文件(ASM 文件),编写程序,并保存。

④ 在 Project Workspace 子窗口中,将新建的 ASM 文件添加到 Source Group 1 中。

⑤ 在 Project Workspace 子窗口中的 Target 1 文件夹上右击,在弹出的快捷菜单中选择 Option for Target'Target 1',则弹出 Options for Target 对话框,选择 Output 选项卡,在此选项卡中选中 Create HEX File 复选框。

⑥ 选择 Project→Build Target 编译程序。

⑦ 在 Proteus ISIS 中,将产生的 HEX 文件加入 AT89C51,并仿真电路检验系统运行状

态是否符合设计要求,如图 4-2 所示。

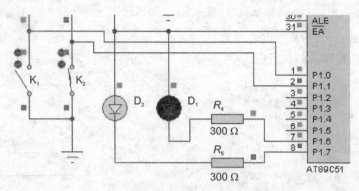

图 4-2　程序运行结果

习　题

1. 8051 单片机有哪几种寻址方式? 各种寻址方式所对应的寄存器或存储器寻址空间如何?

2. 访问特殊功能寄存器和片外数据存储器应采用哪些寻址方式?

3. 分别说明下列每条指令属于何种寻址方式。

```
MOV        R3,#55H
MOV        A,@R1
MOV        30H,60H      MOVA,R5
SJMP       $
MOVC       A,@A+DPTR
MOV        C,30H
```

4. 指出下列指令中的操作数的寻址方式。

```
MOVX       A,@DPTR
MOV        DPTR,#0123H
MUL        AB
INC        DPTR
MOV        A,30H
JZ         20H
PUSH       ACC
POP        ACC
```

5. 分别写出下面程序段的每条指令的执行结果:

```
MOV        60H,#2FH
MOV        40H,#3DH
MOV        R1,#40H
MOV        P1,60H
```

MOV	A,@R1
MOV	DPTR,#1100H
MOVX	@DPTR,A

6. 分析下面程序段的执行结果,并写出有关单元的内容:(SP)=?,(A)=?,(B)=?。

MOV	SP,#3AH
MOV	A,#20H
MOV	B,#30H
PUSH	ACC
PUSH	B
POP	ACC
POP	B

7. 已知(A)=35H,(R0)=6FH,(P1)=0FCH,(SP)=0C0H,试分析写出下列各条指令的执行结果:

MOV	R0,A
MOV	@R0,A
MOV	A,#90H
MOV	A,90H
MOV	80H,#81H
MOVX	@R0,A
PUSH	ACC
SWAP	A
XCH	A,R0

8. 已知(A)=78H,(B)=04H,(R1)=78H,(PSW)=80H,(78H)=0DDH,(80H)=6CH,试分析写出下列各条指令的执行结果以及 CY 和 AC 的结果。

ADD	A,@R1
ADDC	A,78H
SUBB	A,#77H
INC	R1
DEC	78H
MUL	AB
DIV	AB

9. 已知(A)=83H,(R0)=17H,(17H)=34H,写出下面程序段的执行结果:(A)=?,(17H)=?,(R0)=?。

ANL	A,#17H
ORL	17H,A
XRL	A,@R0
CPL	A

10. 试判断下列指令的正误。

CPL	B
ADDC	B,#20H
SETB	30H,0
MOV	R1,R2
SUBB	A,@R2
CJNE	@R0,#64H,L1
MOVX	@R0,20H
DJNZ	@R0,LAB
PUSH	B
POP	@R1
RL	B
MOV	R7,@R0
RLC	C
MOV	R1,#1234H
ANL	R0,A
ORL	C,/ACC.5
XRL	C,ACC.5
DEC	DPTR
XCHD	A,R1
SWAP	B
MOVX	A,@A+DPTR
MOVC	A,@A+DPTR
XCH	A,R1
SUBB	A,#12H
MUL	A,B
DIV	AB
DA	A
JMP	LABEL
LJMP	LABEL
RETI	

11. 试用两种方法实现累加器 A 与寄存器 B 的内容互换。

12. 试编程将片外 RAM 中 40H 单元与 R1 的内容互换。

13. "DA　A"指令的作用是什么? 应如何使用?

14. 试编程将片外 RAM 中 30H 和 31H 单元中的内容相乘,结果存放在 32H 和 33H 单元中(高位存放在 32H 单元中)。

15. 试用 3 种方法将累加器 A 中的无符号数乘 2。

16. 试编程将片外 RAM 的 2100H 单元中的高 4 位置 1,其余位清 0。

17. 试编程将片内 RAM 的 40H 单元中的第 0 位和第 7 位置 1,其余位取反。

18. 请用位操作指令,编程实现下面逻辑方程:

① $P1.7 = ACC.0 \wedge (B.0 \vee P2.1) \vee \overline{P3.2}$

② $PSW.5 = P1.3 \wedge ACC.2 \vee B.5 \wedge \overline{P1.1}$

③ $P2.3 = \overline{P1.5} \wedge B.4 \vee A\overline{CC.7} \wedge P1.0$

19. 已知当前 PC 值为 2000H,请用两种方法将程序存储器 20F0H 单元中的内容送入累加器 A 中。

20. 试编程将片外 RAM 中的 30H 和 31H 单元的内容相加,将结果存入片内 RAM30H 单元中,并将进位位存入位地址 00H 中。

21. 试编写程序,将 R1 中的低 4 位数与 R2 中的高 4 位数合并成一个 8 位数,并将其存入 R1 寄存器中。

第 5 章　程序设计

本书第 4 章介绍了 8051 单片机的指令系统。这些指令只有按工作要求有序地编排为一段完整的程序,才能完成某一特定任务;而通过程序的设计、调试和执行,又可以加深对指令系统的了解与掌握,从而也在一定程度上提高了单片机的应用水平。

本章主要介绍 8051 单片机的汇编语言与一些常用的汇编语言程序设计方法,并列举一些具有代表性的汇编语言程序实例,作为读者设计程序的参考。

5.1　概　述

计算机按照给定的程序,逐条执行指令,以完成某项规定的任务。因此,使用计算机,首先必须编写出计算机能执行的程序。

5.1.1　程序设计语言

计算机能执行的程序可以用很多种语言来编写,从语言结构及其与计算机的关系来看,程序设计语言可分为 3 大类型。

1. 机器语言

机器语言是一种用二进制代码"0"和"1"表示指令和数据的最原始的程序设计语言。由于计算机只能识别二进制代码,因此,这种语言与计算机的关系最为直接,计算机能够快速识别这种语言并立即执行,响应速度最快。但对使用者来说,用机器语言编写程序非常繁琐、费时,且不易看懂,不便记忆,容易出错。为了克服上述缺点,从而促进了汇编语言和高级语言的诞生。

2. 汇编语言

汇编语言是一种用助记符来表示的面向机器的程序设计语言,不同的机器所使用的汇编语言一般是不同的。这种语言比机器语言更加直观、易懂、易用,且便于记忆,对指令中的操作码和操作数也容易区分。

采用汇编语言编写程序确实比采用机器语言更方便。但由于计算机不能直接识别汇编语言而不能执行,因此,采用汇编语言编写的源程序在交由计算机执行之前,必须将其翻译成机器语言程序。这一翻译过程称为"汇编"。简单的程序可以通过人工查询指令系统代码对照表进行翻译,称为"手工汇编"或"人工代真",这种方法易出错且麻烦,所以通常采用"机器汇编"。机器汇编是由专门的程序来进行的,这种程序称为"汇编程序"(不同指令系统的汇编程序不同),这是一种软件工具,通常称为"汇编器"。汇编程序可以把由汇编语言编写的源程序翻译成用机器语言表示的目的码程序(也称"目标程序")。源程序、汇编程序和目的程序三者之间的关系如图 5-1 所示。

本书第 4 章所举各例均为汇编语言程序,显然它比机器语言前进了一大步。由于汇编语言和机器语言一样,是面向机器的,它能把计算机的工作过程刻画得非常精细而又具体,因此,

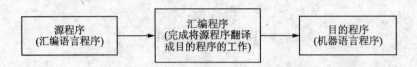

图 5 - 1　源程序、汇编程序和目的程序三者之间的关系示意图

可以编制出结构紧凑、运行时间精确的程序。这种语言非常符合实时控制的需要,但是用汇编语言编写和调试程序周期较长,程序可读性较差,因此,在对实时性要求不高的情况下,最好使用高级语言。

3. 高级语言

高级语言是一种面向过程且独立于计算机硬件结构的通用计算机语言,如 C、FOR-TRAN、PASCAL 和 BASIC 等语言。目前,在单片机应用中使用最广泛的是 C 语言。这些语言是参照数学语言而设计的近似于日常会话的语言,使用者不必了解计算机的内部结构,因此,它比汇编语言更易学、易懂,而且通用性强,易于移植到不同类型的计算机上去。

高级语言也不能被计算机直接识别和执行,同样需要翻译成机器语言。这一翻译工作通常称为"编译"或"解释",而进行编译或解释的程序则称为"编译程序"或"解释程序"。

高级语言的语句功能强,它的一条语句往往相当于许多条指令,因而用于翻译的程序要占用较多的存储空间,执行时间长,且不易精确掌握,故一般不适用于高速实时控制。

由上述可知,3 种语言各具特色。读者要想深入理解和掌握单片机,首先应该学会使用汇编语言,因此本书仅对汇编语言进行介绍。

5.1.2　汇编语言源程序的格式

汇编语言源程序是由汇编语句(即指令语句)构成的。汇编语句由 4 部分组成,每一部分称为"1 段"。其格式如下:

标　　号:　　操作码　　　　操作数　　　　;注释

在书写汇编语句时,上述各部分应该严格地用定界符加以分离。定界符包括空格符、冒号、分号和逗号等。例如:

标　　号:　　操作码　　　　操作数　　　　;注释

L1:　　　MOV　　A,♯20H　　　;A←20H

在标号段之后要加冒号(:);操作码与操作数之间一定要有空格间隔;在操作数之间要用逗号(,)将源操作数与目的操作数隔开;在注释段之前要加分号(;)。

下面分别解释这 4 段的含义。

(1)标号段

标号是用户设定的一个符号,表示存放指令或数据的存储单元地址。

标号由以字母开头的 1~8 个字母或数字串组成。注意:不能用指令助记符、伪指令或寄存器名来作标号名。

标号是任选的,并非每条指令或数据存储单元都要有标号,只在需要时才设置。例如,转移指令所要访问的存储单元前面一般要设置标号,而转移指令的转移地址也用相应的标号表示。采用标号便于查询、修改程序,也便于转移指令的书写。

一旦用某标号定义一个地址单元,则在程序的其他地方就不能随意修改这个定义,也不能重复定义。

(2) 操作码段

操作码段是指令或伪指令的助记符,用来表示指令的操作性质。它在指令中是必不可少的。

(3) 操作数段

操作数段给出的是参加运算(或其他操作)的数据或数据的地址。表示操作数的方法有很多种,例如,既可用 3 种数制(二进制、十进制、十六进制)表示,也可用标号及表达式表示。在汇编过程中,这个表达式的值将被计算出来。

(4) 注释段

注释段是为便于今后的阅读和交流而对本指令的执行目的和所起作用所作的说明。在汇编时,对这部分不予理会,它不被译成任何机器码,也不会影响程序的汇编结果。

5.1.3　汇编语言程序设计步骤

要想使计算机完成某一具体的工作任务,首先要对任务进行分析,然后确定计算方法或者控制方法,再选择相应指令按照一定的顺序编排,就构成了实现某种特定功能的程序。这种按工作要求编排指令序列的过程称为"程序设计"。

使用汇编程序作为程序设计语言的编程步骤与高级语言类似,但又略有差异。其程序设计大致可分为以下几步。

① 熟悉并分析工作任务,明确其要求和要达到的工作目的、技术指标等;

② 确定解决问题的计算方法和工作步骤;

③ 画出流程图;

④ 分配内存工作单元,确定程序与数据区存放地址;

⑤ 按照流程图编写源程序;

⑥ 上机调试、修改并最终确定源程序。

在进行程序设计时,必须根据实际问题和所使用计算机的特点来确定算法,然后按照尽可能使程序简短及缩短运行时间两个原则编写程序。编程技巧须经大量实践后,才能逐渐提高。

由上述步骤可以看出,在用汇编语言进行程序设计时,主要方法和思路与高级语言相同,其主要不同点也是非常重要的一点就是第④点,而这也正是汇编语言面向机器的特点,即在设计程序时还要考虑程序与数据的存放地址,在使用内存单元和工作寄存器时须注意它们相互之间不能发生冲突。

5.2　程 序 设 计

5.2.1　顺序程序设计

顺序程序的执行没有流程转移,全部按照程序语句的先后次序执行。顺序程序是最基本的程序结构之一,也是最简单的结构。

例 5 - 1 实现两个三字节无符号数相减。设被减数存放在片内 RAM40H 开始的区域中,减数存放在片内 RAM50H 开始的区域中,其中低字节数据存放在高地址单元中,高字节数据存放在低地址单元中,即 40H、50H 单元存放高位数据,求两数之差并存入 60H 开始区域中,借位存放在位地址 00H 中。

解 实现该要求的程序如下:

```
              ORG            0000H
              LJMP           MAIN
              ORG            0030H
MAIN:         CLR            C
              MOV            A,42H
              SUBB           A,52H
              MOV            62H,A
              MOV            A,41H
              SUBB           A,51H
              MOV            61H,A
              MOV            A,40H
              SUBB           A,50H
              MOV            60H,A
              MOV            00H,C
              SJMP           $
              END
```

例 5 - 2 有一变量存放在片内 RAM 的 20H 单元中,其取值范围为 00H～09H,要求编写程序,根据变量值得到该变量的平方值,并将其存入片内 RAM 的 21H 单元中。

解 实现该要求的程序如下:

```
              ORG            0000H
              LJMP           MAIN
              ORG            0030H
MAIN:         MOV            DPTR,#TAB
              MOV            A,20H
              MOVC           A,@A+DPTR
              MOV            21H,A
              SJMP           $
TAB:          DB 0,1,4,9,16,25,36,49,64,81
              END
```

5.2.2 分支程序设计

程序的分支是通过条件转移指令来实现的。根据条件对程序的执行状态进行判断,满足条件则进行程序转移,否则按顺序程序执行。在 MCS-51 指令系统中,有多种条件转移指令,包括 JZ、JNZ、CJNE 和 DJNZ,以及位状态条件转移指令 JC、JNC、JB、JNB 和 JBC 等,使用这些指令,可以完成各种条件下的程序分支转移。

分支程序可分为单分支程序和多分支程序两种结构。

1. 单分支程序

当程序仅有两个出口，两者选一，称为单分支结构。这类单分支结构程序有三种典型的形式，如图 5-2 所示。

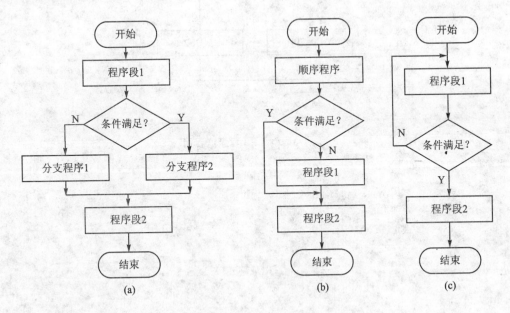

图 5-2　单分支结构程序流程图

在图 5-2(a)中，当条件满足时执行分支程序 2；否则执行分支程序 1。

在图 5-2(b)中，当条件满足时跳过程序段 1，从程序段 2 开始继续顺序执行；否则，顺序执行程序段 1 和程序段 2。

在图 5-2(c)中，当条件满足时程序顺序执行程序段 2；否则，重复执行程序段 1，直到条件满足为止。以程序段 1 重复执行的次数或某个参数作为判别条件，当重复次数或参数值达到条件满足时，停止重复，程序顺序向下执行。这是分支程序的一种特殊情况，这实际上是循环结构程序。

当条件不满足时，不是转向程序段 1 的起始地址，重复执行程序段 1，而是转向条件转移指令本身，这种方式常用于状态检测。例如：

```
LOOP:JB    P1.1,LOOP
```

例 5-3　已知 X、Y 均为 8 位二进制数，分别存在 R0、R1 中，试编写程序实现下列函数表达式的程序：

$$Y = \begin{cases} X/2 & \text{当 } X \neq 20H \\ X-20H & \text{当 } X = 20H \end{cases}$$

解　程序流程图如图 5-3 所示。

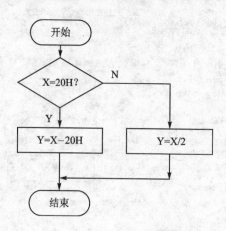

图 5 - 3　例 5 - 3 程序流程图

实现该要求的程序如下：

```
              ORG          0000H
              LJMP         MAIN
              ORG          0030H
MAIN：        MOV          A，R0
              CJNE         A，＃20H，L1
              CLR          C
              SUBB         A，＃20H
              MOV          R1，A
              AJMP         L2
L1：          MOV          B，＃2
              DIV          AB
              MOV          R1，A
L2：          SJMP         L2
              END
```

2. 多分支程序

当程序段判别部分有两个以上的出口流向时，称为多分支结构。

一般微型计算机要实现多分支选择需由几个两分支判别进行组合来实现。这不仅复杂，执行速度慢，而且分支数有一定限制。MCS - 51 的多分支选择指令给这类应用提供了方便。

多分支结构通常有两种形式，如图 5 - 4 所示。

在图 5 - 4(a)中，当条件满足 0 时，执行分支程序 1；当条件满足 n 时，执行分支程序 n。

在图 5 - 4(b)中，当条件满足时，执行程序段 1，否则判断条件 2 是否满足；若条件 2 满足时执行程序段 2，不满足则执行程序段 3。

分支结构图允许嵌套，即一个程序的分支又由另一个分支程序所组成，从而形成多级分支程序结构。汇编语言本身并不限制这种嵌套的层次数，但过多的嵌套层次将使程序段结构变得复杂和臃肿，以致造成逻辑上的混乱，应尽力避免。

MCS - 51 单片机设有两种多分支选择指令：

① 散转指令

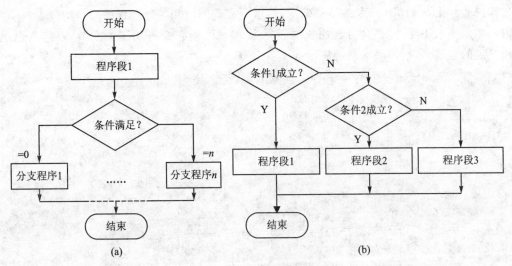

图 5-4　多分支结构程序流程图

```
JMP        @A+DPTR
```

散转指令由数据指针 DPTR 决定多分支转移指令的首地址,由累加器 A 中内容动态地选择对应的分支程序。因此,可从多达 256 个分支中选一。

② 比较指令(共有 4 条)

```
CJNE       A,direct,rel
```

比较两个数的大小,必然存在大于、等于或小于三种情况,这时就需从三个分支中选一。另外,还可以使用查地址表的方法、查转移指令表的方法或通过堆栈来实现多分支程序转移。

例 5-4　通过查转移指令表实现多分支程序转移。由 40H 单元中动态运行结果值来选择分支程序,若(40H)=0,则转到程序 LOOP0;若(40H)=1,则转到程序 LOOP1;若(40H)=2,则转到程序 LOOP2;……;若(40H)=n,则转到程序 LOOPn。

解法 1　实现该要求的程序段如下:

```
START:    MOV    DPTR,TAB       ;多分支转移指令表首址送 DPTR
          MOV    A,40H          ;40H 单元内容送 A
          CLR    C              ;清 CY
          RLC    A              ;A 内容左移一位
          JNC    TABLE          ;若(CY)=0,转 TABLE
          INC    DPH            ;若(CY)=1,DPH 内容加 1
TABLE:    JMP    @A+DPTR        ;多分支转移
TAB:      AJMP   LOOP0          ;转分支程序 LOOP0
          AJMP   LOOP1          ;转分支程序 LOOP1
          AJMP   LOOP2          ;转分支程序 LOOP2
          ......
          AJMP   LOOPn          ;转分支程序 LOOPn
```

由于本例中选用绝对转移指令 AJMP,每条指令占用两个字节,因此,要求 A 中内容为偶数,在程序中将选择参量(A 中内容)左移一位,如果最高位为 1,则将它加到 DPH 中,这样分支量可在 0~255 中选一。

解法 2　根据 AJMP 指令的转移范围,要求分支程序段和各处理程序入口均位于 2 KB 范围内。如果要求不受此限制,可选用长跳转指令 LJMP,但它需占用三个字节,因此在程序上需作一定的修改,实现该要求的程序段如下:

```
START:      MOV       DPTR,#TAB        ;分支程序段首址送 DPTR
            MOV       A,40H            ;选择参量送 A
            MOV       B,#03H           ;乘数 3 送入 B
            MUL       AB              ;参量×3
            MOV       R7,A            ;乘积低 8 位暂存 R7 中
            MOV       A,B             ;乘积高 8 位送 A
            ADD       DPH,A           ;乘积高 8 位加到 DPH 中
            MOV       A,R7
            JMP       @A+DPTR         ;多分支选择
TAB:        LJMP      LOOP0           ;转分支程序 LOOP0
            LJMP      LOOP1           ;转分支程序 LOOP1
            LJMP      LOOP2           ;转分支程序 LOOP2
            ……
            LJMP      LOOPn           ;转分支程序 LOOPn
```

例 5 - 5　已知 X、Y 均为 8 位二进制数,分别存在 R0、R1 中,试编写程序实现下列函数表达式的程序:

$$Y = \begin{cases} 3X & \text{当 } 0 \leqslant X < 20H \\ 2X - 20H & \text{当 } 20H \leqslant X < 50H \\ X/2 + 50H & \text{当 } 50H \leqslant X < FFH \\ X & \text{当 } X = FFH \end{cases}$$

解　程序流程图如图 5 - 5 所示。

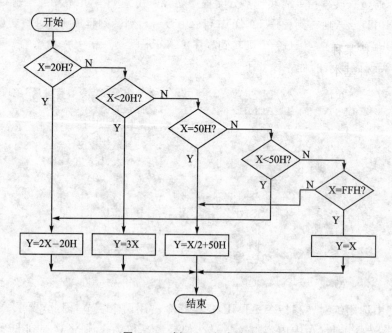

图 5 - 5　例 5 - 5 程序流程图

实现该要求的程序如下：

```
              ORG           0000H
              LJMP          MAIN
              ORG           0030H
MAIN：        MOV           A,R0
              CJNE          A,#20H,L1
L6：          RL            A
              CLR           C
              SUBB          A,#20H
              AJMP          L2
L1：          JNC           L3
              MOV           B,#3
              MUL           AB
              AJMP          L2
L3：          CJNE          A,#50H,L4
L7：          RR            A
              ADD           A,#50H
              AJMP          L2
L4：          JNC           L5
              AJMP          L6
L5：          CJNE          A,#0FFH,L7
L2：          MOV           R1,A
              SJMP          $
              END
```

5.2.3　循环程序设计

在程序设计中，经常需要控制一部分指令重复执行若干次，以便用简短的程序完成大量的处理任务。这种按某种控制规律重复执行的程序称为循环程序。循环程序有先执行后判断和先判断后执行两种基本结构，如图 5-6 所示。

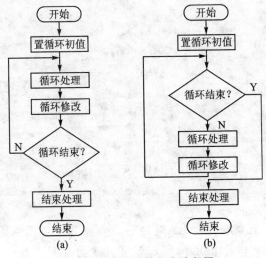

(a)　　　　　　　　　(b)

图 5-6　循环结构程序流程图

图 5-6（a）为"先执行后判断"的循环程序结构图,其特点是一进入循环,先执行循环处理部分,然后根据循环控制条件判断是否结束循环。若不结束,则继续执行循环操作;若结束,则进行结束处理并退出循环。图 5-6（b）为"先判断后执行"的循环程序结构图,其特点是将循环的控制部分放在循环的入口处,先根据循环控制条件判断是否结束循环。若不结束,则继续执行循环操作;若结束,则进行结束处理并退出循环。

例 5-6　将片内 RAM 的 30H 地址开始的 10 个数据,传送到片外 RAM 的 2000H 单元开始的区域中。

解　实现该要求的程序如下:

```
            ORG     0000H
            LJMP    MAIN
            ORG     0030H
MAIN:       MOV     R0,#30H
            MOV     R7,#10
            MOV     DPTR,#2000H
LOOP:       MOV     A,@R0
            MOVX    @DPTR,A
            INC     R0
            INC     DPTR
            DJNZ    R7,LOOP
            SJMP    $
            END
```

例 5-7　将片内 RAM30H 为起始地址的一批数据传送到片内 RAM 以 50H 为起始地址的区域,遇立即数 0DH 终止传送。

解　实现该要求的程序如下:

```
            ORG     0000H
            LJMP    MAIN
            ORG     0030H
MAIN:       MOV     R0,#30H
            MOV     R1,#50H
L1:         CJNE    @R0,#0DH,L2
L3:         SJMP    $
L2:         MOV     A,@R0
            MOV     @R1,A
            INC     R0
            INC     R1
            AJMP    L1
            END
```

例 5-8　编写程序,查找在片内 RAM 中的 20H~50H 单元中是否有 0AAH 这一数据,若有,则 51H 单元置为 01H,若未找到,则 51H 单元置为 00H。

解　实现该要求的程序如下:

```
            ORG         0000H
            LJMP        MAIN
            ORG         0030H
MAIN:       MOV         R0,#20H
            MOV         R7,#31H
L1:         CJNE        @R0,#0AAH,L2
            MOV         51H,#01H
            AJMP        L3
L2:         INC         R0
            DJNZ        R7,L1
            MOV         51H,#00H
L3:         SJMP        L3
            END
```

5.2.4 子程序设计

子程序结构是汇编语言中一种重要的程序结构。在一个程序中经常会碰到反复执行某程序段的情况,如果重新书写这个程序段,会使程序变得冗长而杂乱。对此,可以采用子程序结构,即把重复的程序段编写为一个子程序,通过主程序调用它。这样不但可以提高编写和调试程序的效率,而且可以缩短程序长度,从而节省程序存储空间,但并不节省程序运行的时间。

调用子程序的程序称为主程序,主程序和子程序之间的调用关系如图 5-7 所示。

在 MCS-51 中,完成子程序调用的指令为 ACALL 和 LCALL,完成子程序返回的指令为 RET。

图 5-7 子程序调用示意图

调用子程序时要注意两点:一是现场的保护和恢复;二是主程序与子程序的参数传递。

1. 现场保护和恢复

进入子程序后,应注意除了要处理的参数数据和要传递回主程序的参数之外,有关的片内 RAM 单元和工作寄存器的内容,以及各标志的状态都不应该因调用子程序而改变,这就存在现场保护问题。

现场保护的方法是:在调用子程序前或一进入子程序,就将子程序中所使用的或会被改变内容的工作单元的内容压入堆栈;在子程序完成处理,将要返回前或一返回主程序后,就把堆栈中的数据弹出到原来的工作单元,恢复原来状态,这就是现场恢复。对于所使用的工作寄存器的保护可用改变工作寄存器组的方法。

2. 参数传递

在子程序结构中,参数的传递要靠程序设计者自己安排数据的存放和选择工作单元。子程序参数的传递一般可采用下面的方法。

（1）传递数据

将数据通过工作寄存器 R0~R7 或者累加器 A 来传送,其具体过程是:在调用子程序前把数据送入寄存器中,子程序就对这些寄存器中的数据进行操作,子程序执行后,结果仍由寄存器送回。

（2）传递地址

数据存放在数据存储器中,参数传递时只通过 R0、R1、DPTR 传递数据所存放的地址。调用结束时,结果就存放在数据存储器中,传送返回的也是寄存器中的地址。

（3）通过堆栈传递参数

在调用前,先把要传送的参数压入堆栈,进入子程序后,再将堆栈中的参数弹出到工作寄存器或其他内部 RAM 单元。在弹出参数时,应注意栈顶的两个字节数据是断点地址,不应误认为传的参数。在子程序返回之前,应保证该两个字节数据仍处在栈顶位置,以便正确返回主程序。

例 5-9 请用子程序的方法编写程序,实现 $Y = a^2 + b^2$,设 Y、a、b 分别存于片内 RAM 的 30H、31H、32H 三个单元中,其值均不大于 0FFH。

解 实现该要求的程序如下:

	ORG	0000H	
	LJMP	MAIN	
	ORG	0030H	
MAIN:	MOV	A,31H	;取 a
	ACALL	SQR	;调用平方子程序
	MOV	30H,A	;a2 暂存于 30H 单元中
	MOV	A,32H	;取 b
	ACALL	SQR	;调用平方子程序
	ADD	A,30H	;a2+b2 存于 A 中
	MOV	30H,A	;结果存于 30H 单元中
	SJMP	$	
SQR:	MOV	B,A	
	MUL	AB	
	RET		
	END		

5.3 常用程序设计

5.3.1 数制转换程序

在实际应用中,经常会遇到各种码制数据之间的相互转换问题。在单片机系统的输入、输出中,人们常常习惯使用十进制数,而在单片机内部数据存储和计算中,通常采用二进制数。

因此经常需要做这两种进制数的转换程序。

例 5 - 10 编程实现将 8 位二进制数转换为 3 位 BCD 数。将片内 RAM30H 单元的 8 位无符号二进制整数(0～255)转换成 3 位 BCD 数字(双字节),百位数置于 20H 单元中,十位数和个位数合并置于 21H 中。

解 实现该要求的程序如下:

	ORG	0000H	
	LJMP	MAIN	
	ORG	0030H	
MAIN:	MOV	A,30H	
	MOV	B,#100	;除数 100,用以提取百位数
	DIV	AB	
	MOV	20H,A	
	MOV	A,#10	;除数 10,用以提取十位数
	XCH	A,B	
	DIV	AB	
	SWAP	A	
	ADD	A,B	;压缩 BCD 数字
	MOV	21H,A	
	SJMP	$	
	END		

5.3.2 多字节无符号的算术运算程序

在 MCS - 51 单片机指令系统中,设有单字节无符号的算术运算指令:ADD、ADDC、SUBB、MUL 和 DIV。而在实际应用系统中,经常需要进行多字节的算术运算。

例 5 - 11 编写四字节无符号加法程序,设被加数存放在内部 RAM 的 30H、31H、32H、33H 单元中,加数存放在 40H、41H、42H、43H 单元中,和存放在 30H、31H、32H、33H 单元中,最高位进位存放在 2FH 单元中。数据高位存低地址单元。

解 根据题意要求列出算式如下:

$$(30H)(31H)(32H)(33H)$$
$$+ \quad (40H)(41H)(42H)(43H)$$
$$\overline{(2FH)(30H)(31H)(32H)(33H)}$$

由此算式可知,只要将各对应字节逐一相加即可。采用循环结构设计程序。

	ORG	0000H
	LJMP	MAIN
	ORG	0030H
MAIN:	MOV	R0,#33H
	MOV	R1,#43H
	MOV	R7,#4
	CLR	C

```
LOOP:        MOV        A,@R0
             ADDC       A,@R1
             MOV        @R0,A
             DEC        R0
             DEC        R1
             DJNZ       R7,LOOP
             MOV        A,#00H
             ADDC       A,#00H
             MOV        @R0,A
             SJMP       $
             END
```

5.3.3　软件定时程序

在单片机的应用系统中,常有用定时进行某些处理的需要,如定时检测和定时扫描等。定时功能除利用可编程定时器定时外,当定时时间较短或系统实时性要求不高的情况下,可利用一些"哑指令",通过执行这些"哑指令"的固有延时来实现软件定时的目的。

所谓"哑指令",是指对单片机内部状态无影响的指令,不影响存储单元的内容,也不影响标志位的状态,只是起到调节机器周期的作用,如 NOP 指令。

软件定时程序有单循环软件定时和多循环软件定时两种。

1. 单循环软件定时

例如:

```
DELAY:       MOV        R7,#TIME
LOOP:        NOP
             NOP
             DJNZ       R7,LOOP
             RET
```

以上程序就是一个最简单的单循环程序,程序中 NOP 指令的机器周期为 1,DJNZ 指令的机器周期为 2,MOV 指令的机器周期为 1,RET 指令的机器周期为 2。因此执行这些指令总的机器周期数为 $1+4\times TIME+2$,TIME 为装入 R7 的一个立即数,取值范围为 $0\sim255$。当 TIME=0 时,由于 DJNZ 指令是先减 1 再判 0 的操作,因此 LOOP 循环体执行了 256 次,总执行机器周期数为 $1+4\times256+2=1\,027$;当 TIME=1 时,LOOP 循环体执行 1 次,总执行机器周期数为 $1+4\times1+2=7$。所以,当单片机使用 6 MHz 的晶振时,上面程序最大延时为 $1\,027\times2=2\,054\ \mu s$,最小延时为 $7\times2=14\ \mu s$。

通过改变 TIME 的不同取值,可实现不同时间的软件定时。

2. 多循环软件定时

为了得到更长的软件定时,可以使用多个循环嵌套的方法。下面程序使用双重循环实现更长的定时时间。

总执行机器周期为

$$1+[(1+4\times TIME1)+2]\times TIME2+2$$

当使用 6 MHz 晶振时,最长定时时间为

$$\{1+[(1+4\times256)+2]\times256+2\}\times2=525\ 830\ \mu s。$$

双重循环定时程序如下:

```
DELAY:      MOV      R6,#TIME2
LOOP2:      MOV      R7,#TIME1
LOOP1:      NOP
            NOP
            DJNZ     R7,LOOP1
            DJNZ     R6,LOOP2
            RET
```

软件定时,只适合应用在短时间或实时性要求不高的场合。对于那些时间长、实时性要求高的系统,需要采用可编程定时器定时的方式。详见第 6 章介绍。

5.4 软件定时应用实例

5.4.1 设计要求

设计一个 0~59 秒的计时器。在 AT89C51 单片机的 P2 和 P3 端口分别接有 2 个共阴极数码管,P3 口驱动显示计时器的十位数,P2 口驱动显示计时器的个位数。

5.4.2 硬件设计

在运行 Proteus ISIS 的执行程序后,进入 Proteus ISIS 编辑环境,按表 5－1 所列的元件清单添加元件。

表 5－1 元件清单

元件名称	所属类	所属子类
AT89C51	Microprocessor ICs	8051 Family
CAP	Capacitors	Generic
CAP－POL	Capacitors	Generic
CRYSTAL	Miscellaneous	—
RES	Resistors	Generic
7SEG－COM－CAT－GRN	Optoelectronics	7－Segment Displays

元件全部添加后,在 Proteus ISIS 的编辑区按图 5－8 所示的电路原理图连接硬件电路。

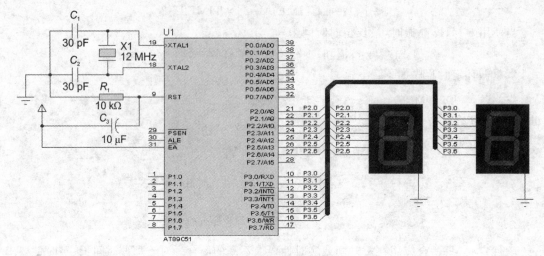

图 5 - 8　电路原理图

5.4.3　程序设计

用一个存储单元作为秒计数单元,当 1 s 到来时,就让秒计数单元加 1,当秒计数达到 60 时,就自动返回到 0,重新计数。

对于秒计数单元中的数据,要把它的十位数和个位数分开,方法采用对 10 整除和对 10 求余,在数码管上显示,通过查表的方式完成。

在本例中采用软件精确延时的方法来产生接近 1 s 的延时。

系统参考程序如下:

	ORG	0000H	
	LJMP	MAIN	
	ORG	0030H	
MAIN:	MOV	DPTR,#TAB	;设置段码表首地址
L2:	MOV	R0,#00H	;计数值初始化
	MOV	A,#00H	;数码显示初始化
	MOVC	A,@A+DPTR	
	MOV	P2,A	
	MOV	P3,A	
L3:	ACALL	DELAY	;延时 1 s
	INC	R0	;计数值加 1
	CJNE	R0,#60,L1	;是否计满 60 s
	AJMP	L2	
L1:	MOV	A,R0	;分离计数值的十位和个位
	MOV	B,#10	
	DIV	AB	
	MOVC	A,@A+DPTR	
	MOV	P2,A	
	MOV	A,B	MOVCA,@A+DPTR
	MOV	P3,A	
	AJMP	L3	

```
DELAY:        MOV        R5,#100             ;延时 1 s 子程序(晶振为 12 MHz)
D1:           MOV        R6,#20
D2:           MOV        R7,#248
              DJNZ       R7,$
              DJNZ       R6,D2
              DJNZ       R5,D1
              RET
TAB:          DB         3FH,06H,5BH,4FH,66H
              DB         6DH,7DH,07H,7FH,6FH
              END
```

5.4.4　调试与仿真

对该设计的调试与仿真步骤如下:

① 打开 Keil μVision3,新建 Keil 项目。

② 选择 CPU 类型,此例中选择 ATMEL 的 AT89C51 单片机。

③ 新建汇编源文件(ASM 文件),编写程序,并保存。

④ 在 Project Workspace 子窗口中,将新建的 ASM 文件添加到 Source Group 1 中。

⑤ 在 Project Workspace 子窗口中的 Target 1 文件夹上右击,在弹出的快捷菜单中选择 Option for Target'Target 1'则弹出 Options for Target 对话框,选择 Output 选项卡,在此选项卡中选中 Create HEX File 复选框。

⑥ 选择 Project→Build Target 编译程序。

⑦ 在 Proteus ISIS 中,将产生的 HEX 文件加入 AT89C51,并仿真电路检验系统运行状态是否符合设计要求,如图 5-9 所示。

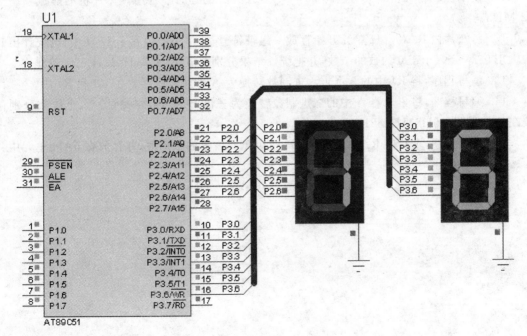

图 5-9　程序运行结果

习　题

1. 8051 单片机汇编语言有何特点？

2. 利用 8051 单片机汇编语言进行程序设计的步骤如何？

3. 常用的程序结构有哪几种？特点如何？

4. 子程序调用时，参数的传递方法有哪些？

5. 顺序结构程序的特点是什么？试用顺序结构程序编写三字节无符号数的加法程序段，最高位进位存入用户标志位 F0 中。

6. 两个 10 位的无符号十进制数（范围为 0~99），分别存放在片内 RAM 的 40H、41H 单元和 50H、51H 单元中，其中 40H、50H 存放十位数，试计算两数的和，并存放到 60H~62H 单元中，其中 60H 存放百位数，61H 存放十位数，62H 存放个位数。

7. 据片外 RAM8000H 单元中的值 X（为无符号数），决定 P1 口引脚输出为：

$$P1 = \begin{cases} 2X & X < 20H \\ 80H & 20H \leqslant X < 50H \\ X\ 取反 & X \geqslant 50H \end{cases}$$

8. 片外 RAM 从 2000H 到 2100H 有一个数据块，现要将它们传送到片外 RAM3000H 到 3100H 的区域中，试编写有关程序。

9. 编写 8 位 BCD 数加法的程序。设被加数存于片内 RAM 的 30H~33H 单元，加数存于 40H~43H 单元，相加结果存于 30H~34H 单元，数据按低字节在前的顺序排列。

10. 试编写程序，找出片外 RAM2000H~200FH 数据区中的最小值，并存于 R2 中。

11. 使用循环转移指令编写延时 20 ms、1 s、1 min 的延时子程序。单片机的晶振频率为 12 MHz。

12. 已知片内 RAM20H 单元开始存放一组带符号数，字节个数存于 1FH 中，请统计出其中大于 0、等于 0、小于 0 的数的个数，并把统计结果分别存放 10H、11H、12H 三个单元中。

13. 编写程序，将 R1 中的 2 个十六进制数转换为 ASCⅡ 码后存放在 R3 和 R4 中。

14. 编写程序，将累加器 A 中的二进制数转换为三位 BCD 码，并将百、十、个位数分别存放在片内 RAM50H、51H、52H 中。

15. 编写程序，求片内 RAM50H~59H 十个单元内容的平均值，并存放在 5AH 单元中。

第6章 定时器/计数器

单片机应用技术往往需要定时检测某个参数或按一定的时间间隔来进行某种控制。这种定时作用的获得固然可以利用延时程序来实现,但这样做是以降低 CPU 的工作效率为代价的。如果能通过一个可编程的实时时钟来实现,就不会影响 CPU 的效率。另外,还有一些控制是按对某种事件的计数结果来进行的。因此在单片机系统中,常用到硬件定时器/计数器。几乎所有的单片机内部都有这样的定时器/计数器,这无疑可简化系统的设计。

MCS-51 系列单片机的典型产品 8051 等有两个 16 位定时器/计数器 T0 和 T1;8052 等单片机有 3 个 16 位定时器/计数器 T0、T1 和 T2。它们都可以用做定时或外部事件计数器。

通过学习本章的内容,读者应该了解定时器/计数器的结构原理,掌握定时器/计数器的工作方式的设置和其基本应用方法。

6.1 定时器/计数器的结构及工作原理

8051 单片机内部有两个 16 位定时器/计数器,即定时器 T0 和定时器 T1。它们都具有定时和计数功能,可用于定时或延时控制,对外部事件进行检测或计数等。其内部结构如图 6-1 所示。

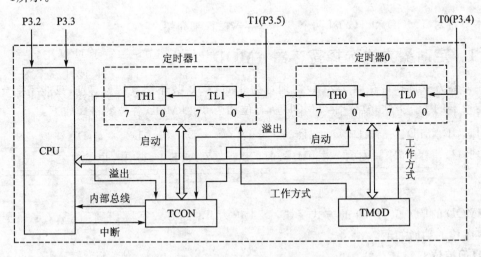

图 6-1 定时器/计数器结构框图

定时器 T0 由两个特殊功能寄存器 TH0 和 TL0 构成,定时器 T1 由 TH1 和 TL1 构成。定时器方式寄存器 TMOD 用于设置定时器的工作方式,定时器控制寄存器 TCON 用于启动和停止定时器的计数,并控制定时器的状态。每一个定时器内部结构实质上是一个可程控的加法计数器,由编程来设置它工作在定时状态或计数状态。

定时器用做定时时,可对机器周期进行计数,每过一个机器周期,计数器加 1,直到计数器计满溢出。由于一个机器周期由 12 个时钟周期组成,因此计数频率为时钟周期的 1/12。显然,定时器的定时时间不仅与计数器的初值即计数长度有关,而且还与系统的时钟频率有关。

定时器用做计数时,计数器对来自输入引脚 T0(P3.4) 和 T1(P3.5) 的外部信号计数,在每一个机器周期的 S5P2 期间采样引脚输入电平。若前一个机器周期采样值为 1,后一个机器周期采样值为 0,则计数器加 1。新的计数值是在检测到输入引脚电平发生 1 到 0 的负跳变后,于下一个机器周期的 S3P1 期间装入计数器中的。由于它需要两个机器周期(24 个时钟周期)来识别一个 1 到 0 的跳变信号,因此它最高的计数频率为时钟频率的 1/24。对外部输入信号的占空比没有特别的限制,但必须保证输入信号电平在它发生跳变前至少被采样一次,因此输入信号的电平至少在一个完整的机器周期中保持不变。

当设置了定时器的工作方式并启动定时器工作后,定时器就按被设定的工作方式独立工作,不再占有 CPU 运行程序的操作,只有在计数器计满溢出时,才可能中断 CPU 当前的操作。用户可以重新设置定时器的工作方式,以改变定时器的工作状态。由此可见,定时器是单片机中工作效率高且应用灵活的部件。

6.2　8051 单片机的定时器/计数器

由 6.1 节的内容可知,8051 单片机的定时器/计数器主要由几个专用寄存器,即 TH0、TL0、TH1、TL1、TMOD 和 TCON 组成。所谓可编程定时器/计数器就是指能通过软件读/写这些专用寄存器,达到控制定时器/计数器实现不同功能的目的。其中,TH0 和 TL0 用来存放定时器 T0 的计数初值,TH0 为高位;TH1 和 TL1 用来存放定时器 T1 的计数初值,TH1 为高位;TMOD 用来控制定时器的工作方式;TCON 用来中断溢出标志并控制定时器的启动和停止。

本节将对 TMOD 和 TCON 两个专用寄存器做详细介绍。

6.2.1　定时器方式选择寄存器 TMOD

定时器方式选择寄存器 TMOD 的地址为 89H,TMOD 不能支持位寻址,只能用字节指令设置定时器的工作方式,复位时,TMOD 所有位均为 0。TMOD 各位的格式如下:

TMOD	D7	D6	D5	D4	D3	D2	D1	D0
(89H)	GATE	C/$\overline{\text{T}}$	M1	M0	GATE	C/$\overline{\text{T}}$	M1	M0
			T1				T0	

TMOD 的低 4 位为 T0 的方式字段,高 4 位为 T1 的方式字段,它们的含义是完全相同的。其各位的功能如下。

1. 门控位 GATE

① 当(GATE)=0 时,允许软件控制位 TR0 或 TR1 启动定时器;

② 当(GATE)=1 时,允许外中断引脚电平启动定时器,即 $\overline{\text{INT0}}$(P3.2) 和 $\overline{\text{INT1}}$(P3.3) 引脚分别控制 T0 和 T1 的运行。

2. 功能选择位 C/$\overline{\text{T}}$

① 当(C/$\overline{\text{T}}$)=0 时,定时器/计数器的功能为定时功能;

② 当 $(C/\overline{T})=1$ 时,定时器/计数器的功能为计数功能。

3. 工作方式选择位 M1 和 M0

M1 和 M0 工作方式选择位对应关系如表 6-1 所列。

表 6-1 工作方式选择位对应关系表

M1	M0	工作方式	功能说明
0	0	方式 0	13 位定时器/计数器
0	1	方式 1	16 位定时器/计数器
1	0	方式 2	再自动装入 8 位定时器/计数器
1	1	方式 3	T0:分成两个 8 位计数器;　　T1:停止计数

例 6-1 ① 若单片机定时器 T0 采用方式 2 定时功能,则 TMOD 为多少?

② 若采用 T1 定时器方式 1 计数工作,则 TMOD 为多少?

解 ① 由于 T0 工作,所以 TMOD 的高四位均为 0,而 T0 的门控位也为 0,功能选择位 $C/\overline{T}=0$,工作方式选择位 M1 为 1,M0 为 0。

所以,(TMOD)=00000010B=02H。

② 由于 T1 工作,所以 TMOD 的低四位均为 0,而 T1 的门控位也为 0,功能选择位 $C/\overline{T}=1$,工作方式选择位 M1 为 0,M0 为 1。

所以,(TMOD)=01010000B=50H。

6.2.2　定时器控制寄存器 TCON

特殊功能寄存器 TCON 的高 4 位存放定时器的运行控制位和溢出标志位,低 4 位存放外部中断的触发方式控制位和锁存外部中断请求源。TCON 的字节地址为 88H,支持位寻址。当单片机复位时,TCON 的所有位均为 0。

其各位格式如下:

TOCN	8FH	8EH	8DH	8CH	8BH	8AH	89H	88H
(88H)	TF1	TR1	TF0	TR0	IE1	IT1	IE0	IT0

下面主要介绍高字节,低字节将放入第 7 章介绍。

1. 定时器 T1 溢出标志位 TF1

当定时器 T1 溢出时,由硬件自动使 TF1 置 1,并向 CPU 申请中断。当 CPU 响应中断并进入中断服务程序后,TF1 又被硬件自动清 0。当然 TF1 也可用软件清 0。

2. 定时器 T1 启动标志位 TR1

可由软件将此位置 1 或清 0 来启动或关闭 T1 定时器。例如:

```
SETB      TR1;定时器 T1 开始计数工作
CLR       TR1;定时器 T1 停止计数停止
```

3. 定时器 T0 溢出标志位 TF0

其功能及操作情况同 TF1。

4. 定时器 T0 启动标志位 TR0

其功能及操作情况同 TR1。

6.3　定时器/计数器的工作方式

MCS-51 定时器/计数器 T0 有 4 种工作方式,即方式 0、方式 1、方式 2 和方式 3;而定时器/计数器 T1 有 3 种工作方式,即方式 0、方式 1 和方式 2。本节将对各种工作方式的定时器结构及功能加以详细讨论。

6.3.1　方式 0

方式 0 为 13 位定时器/计数器,计数寄存器由 TH0(或 TH1)的全部 8 位和 TL0(或 TL1)的低 5 位构成,TL0(或 TL1)的高 3 位不用。当 TL0(或 TL1)的低 5 位计数溢出时即向 TH0(或 TH1)进位,而 TH0(或 TH1)计数溢出时向中断标志位 TF0(或 TF1)进位,并请求中断。因此,可通过查询 TF0(或 TF1)是否置位或考查中断是否发生(通过 CPU 响应)来判断定时器/计数器 T0(或 T1)的操作是否完成。

1. 电路逻辑结构

定时器/计数器 T0 在工作方式 0 的逻辑结构如图 6-2 所示。

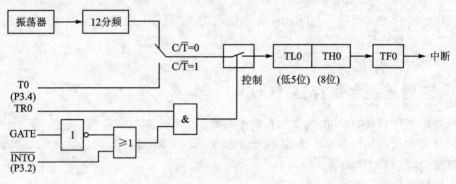

图 6-2　定时器/计数器 T0 方式 0 结构图

在图 6-2 中,(C/$\overline{\text{T}}$)=0 时,多路开关接到振荡器的 12 分频器输出。T0 对机器周期进行计数,这就是定时器工作方式。

当(C/$\overline{\text{T}}$)=1 时,为计数方式。多路开关与引脚 T0(P3.4)接通,计数器 T0 对来自外部引脚 T0(P3.4)的输入脉冲计数。当外部信号发生负跳变时,计数器加 1。

GATE 控制定时器 T0 的运行条件是:T0 取决于 TR0 位的控制,还是取决于 TR0 和 $\overline{\text{INT0}}$ 这两位的控制。

① 当(GATE)=0 时,或门输出恒为 1,使外部中断输入引脚 $\overline{\text{INT0}}$ 信号失效,同时又打开与门,由 TR0 控制定时器 T0 的开启和关断。若 TR0=1,则接通控制开关,启动定时器 T0 工作,计数器开始计数;若 TR0=0,则断开控制开关,计数器停止计数。

② 当(GATE)=1 时,与门的输出由 $\overline{\text{INT0}}$ 的输入电平和 TR0 位的状态来确定。若 TR0=1,则打开与门,外部信号电平通过 $\overline{\text{INT0}}$ 引脚直接开启或关断定时器 T0。当 $\overline{\text{INT0}}$ 为高电平时,允许计数,否则停止计数。这种工作方式可用来测量外部信号的脉冲宽度等。

上述①和②同样适合于定时器 T1。

2. 定时和计数的应用

（1）定时计算公式

若 T0 计数初值为 x，系统时钟频率为 f_{osc}，则其定时时间 t 为

$$t = (2^{13} - x) \times \frac{12}{f_{osc}}$$

（2）计数计算公式

若 T0 计数初值为 x，则要求的计数值 N 为

$$N = 2^{13} - x$$

注意：在给计数寄存器 TH0、TL0（或 TH1、TL1）赋初值时，应将计算得到的计数初值转换为二进制数，然后按其格式将低 5 位二进制置入 TL0（或 TL1）的低 5 位，TL0（或 TL1）的高 3 位都可设为 0，而计数初值的高 8 位则置入 TH0（或 TH1）中。

例 6-2　现用 T0 作计数器，采用方式 0，计算从引脚 T0(P3.4) 输入的脉冲个数，当计数值 N 为 5000 时结束计数，试计算 T0 的初值。

解　T0 的初值 $= 2^{13} - N = (8\ 192 - 5\ 000)$ D $= 3\ 192$ D $= 0110001111000$ B

所以，(TH0) $= 63$ H，(TL0) $= 18$ H。

例 6-3　现用 T1 作定时器，已知 $f_{osc} = 6$ MHz，采用方式 0，求最大的定时时间和最小的定时时间，以及相应的 T1 的初值分别为多少？

解　（1）当 (TH1) $= 00$ H，(TL1) $= 00$ H 时，定时时间最长。

$$t = (2^{13} - x) \times \frac{12}{f_{osc}} =$$

$$(2^{13} - 0) \times \frac{12}{6 \times 10^6 \text{ Hz}} = 16\ 384 \ \mu s$$

（2）当 (TH1) $= 0$FFH，(TL1) $= 1$FH 时，定时时间最短。

$$t = (2^{13} - x) \times \frac{12}{f_{osc}} =$$

$$(2^{13} - 8\ 191) \times \frac{12}{6 \times 10^6 \text{ Hz}} = 2 \ \mu s$$

6.3.2　方式 1

定时器工作于方式 1 时，其逻辑结构如图 6-3 所示。

方式 1 和方式 0 的差别仅在于计数器的位数不同。方式 1 为 16 位的计数器，即 TH0 的 8 位和 TL0 的 8 位。

当作为定时器使用时，若 T0 计数初值为 x，系统时钟频率为 f_{osc}，则其定时时间 t 为

$$t = (2^{16} - x) \times \frac{12}{f_{osc}}$$

当作为计数器使用时，若 T0 计数初值为 x，则要求的计数值 N 为

$$N = 2^{16} - x$$

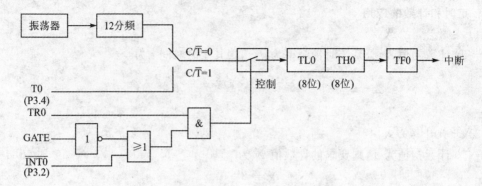

图 6-3 定时器/计数器 T0 方式 1 结构图

例 6-4 现用 T1 作计数器,采用方式 1,计算从引脚 T1(P3.5)输入的脉冲个数,当计数值 N 为 54 000 时结束计数,试计算 T1 的初值。

解 T1 的初值 $= 2^{16} - N = (65\ 536 - 54\ 000)\text{D} = 11\ 536\ \text{D} = 2\text{D}10\text{H}$

所以,(TH1) $= 2\text{DH}$,(TL1) $= 10\text{H}$。

例 6-5 现用 T0 作定时器,已知 $f_{osc} = 6$ MHz,采用方式 1,求最大的定时时间和最小的定时时间,以及相应的 T0 的初值分别为多少?

解 ① 当(TH0) $= 00\text{H}$,(TL0) $= 00\text{H}$ 时,定时时间最长。

$$t = (2^{16} - x) \times \frac{12}{f_{osc}} =$$

$$(2^{16} - 0) \times \frac{12}{6 \times 10^6\ \text{Hz}} = 131\ 072\ \mu\text{s}$$

② 当(TH0) $= 0\text{FFH}$,(TL0) $= 0\text{FFH}$ 时,定时时间最短。

$$t = (2^{16} - x) \times \frac{12}{f_{osc}} =$$

$$(2^{16} - 65\ 535) \times \frac{12}{6 \times 10^6\ \text{Hz}} = 2\ \mu\text{s}$$

6.3.3 方式 2

定时器/计数器工作于方式 2 下,其逻辑结构如图 6-4 所示。它由作为 8 位计数器的 TL0 和作为重置初值的缓冲器的 TH0 构成。工作于方式 2 的 T1 逻辑结构与 T0 类同。

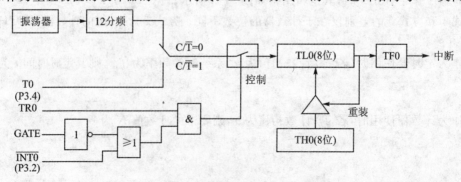

图 6-4 定时器/计数器 T0 方式 2 结构图

　　方式 0 和方式 1 若用于循环重复定时或计数时,在每次计数满溢出后,计数器复 0,要进行新一轮的计数就得重新装入计数初值。这样不仅造成编程麻烦,而且影响定时时间的精确度。而方式 2 则具有初值自动装入的功能,也就避免了上述缺点。因此它特别适合用做较精确的脉冲信号发生器。

　　在方式 2 中,16 位计数器被拆成两个部分:TL0 用做位计数器;TH0 用来保存计数初值。在程序初始化时,由软件赋予同样的初值。在操作过程中,一旦计数溢出,便置位 TF0,并将 TH0 中的初值再装入 TL0,从而进入新一轮的计数,如此循环重复不止。

　　这种工作方式可以避免在程序中因重新装入初值而对定时精度产生的影响,适用于需要产生较高精度的定时时间的应用场合,常用做串行口波特率发生器。

　　当作为定时器使用时,若 $(TH0)=(TL0)=x$,系统时钟频率为 f_{osc},其定时时间 t 为

$$t = (2^8 - x) \times \frac{12}{f_{osc}}$$

　　当作为计数器使用时,若 $(TH0)=(TL0)=x$,则要求的计数值 N 为

$$N = 2^8 - x$$

　　例 6-6　现用 T1 作计数器,采用方式 2,计算从引脚 T1(P3.5)输入的脉冲个数,当计数值 N 为 80 时结束计数,试计算 T1 的初值。

　　解　T1 的初值 $=2^8 - N=(256-80)$ D$=176$ D$=$B0H

所以,(TH1)=0B0H,(TL1)=0B0H。

　　例 6-7　现用 T0 作定时器,已知 $f_{osc}=6$ MHz,采用方式 2,求最大的定时时间和最小的定时时间,以及相应的 T0 的初值分别为多少?

　　解　① 当(TH0)=00H,(TL0)=00H 时,定时时间最长。

$$t = (2^8 - x) \times \frac{12}{f_{osc}} =$$
$$(2^8 - 0) \times \frac{12}{6 \times 10^6 \text{ Hz}} = 512 \ \mu s$$

　　② 当(TH0)=0FFH,(TL0)=0FFH 时,定时时间最短。

$$t = (2^8 - x) \times \frac{12}{f_{osc}} =$$
$$(2^8 - 255) \times \frac{12}{6 \times 10^6 \text{ Hz}} = 2 \ \mu s$$

6.3.4　方式 3

　　方式 3 的作用比较特殊,只适用于定时器 T0。如果企图将定时器 T1 置为方式 3,则它将停止计数,其效果与置 TR1=0 相同,即关闭定时器 T1。

　　当 T0 工作在方式 3 时,它被拆成两个独立的 8 位计数器 TL0 和 TH0,其逻辑结构如图 6-5所示。

　　在图 6-5中,上方的 8 位计数器 TL0 使用原定时器 T0 的控制位 C/$\overline{T}$、GATE、TR0 和 INT0,它既可以定时(C/$\overline{T}$=0),也可以计数(C/$\overline{T}$=1)。而下方的 8 位计数器 TH0 占用了原定时器 T1 的控制位 TR1 和溢出标志位 TF1,同时也占用了 T1 中断源。它被固定为一个 8 位定时器,其启动和关闭仅受 TR1 的控制。当 TR1=1 时,控制开关接通,TH0 对 12 分频的

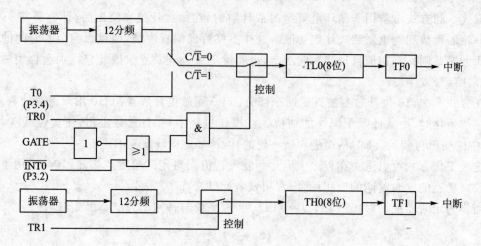

图 6－5　定时器/计数器 T0 方式 3 结构图

时钟信号计数；当 TR1＝0 时，控制开关断开，TH0 停止计数。由此可见，在方式 3 下，TH0 只能用做简单的内部定时，不能用做对外部脉冲进行计数，是定时器 T0 附加的一个 8 位定时器。

　　定时器 T0 用做方式 3 时，定时器 T1 仍可设置为方式 0、方式 1 或方式 2。但由于 TR1、TF1 以及 T1 的中断源已被定时器 T0 占用，此时定时器 T1 仅由控制位 $C/\overline{T}$ 切换其定时或计数功能，当计数器计数满溢出时，只能将输出送往串行口。在这种情况下，定时器 T1 一般用做串行口波特率发生器或不需要中断的场合。

6.4　定时器/计数器应用举例

　　MCS－51 的定时器/计数器是可编程的，因此在利用定时器/计数器进行定时或计数之前，首先要使用软件对它进行初始化。初始化程序包括下述几个部分。

　　① 确定工作方式——对 TMOD 寄存器赋值。

　　② 计算定时器/计数器初值，并直接将初值写入寄存器 TH0、TL0 或 TH1、TL1。

　　计数器采用加法计数，并在溢出时请求中断，因此不能直接输入所需的计数模值，而是要从计数最大值倒回去一个数模值才是应置入的初值。

　　设计数器的最大值为 M（在不同的工作方式中，M 可以为 2^{13}、2^{16} 或者 2^8），则置入的初值 X 可通过如下方式来计算：

　　a. 计数方式时　$X＝M－$计数模值；

　　b. 定时方式时　$(M－X)×T＝$定时值，

　　　　　　　　　　$X＝M－($定时值$/T)$；

　　其中，T 为计数周期，它是单片机时钟周期的 12 倍。

　　③ 根据需要，开放定时器中断——对寄存器 IE 置初值。

　　④ 启动定时器/计数器——TCON 使寄存器中的 TR1 或 TR0 置位。置位之后，计数器即按规定的工作方式和初值进行定时或开始计数。

　　例 6－8　利用定时器/计数器 T0 的方式 0，产生 10 ms 的定时，并使 P1.0 引脚上输出周期为 20 ms 的方波,已知系统时钟频率为 6 MHz,试设计程序。

解 计算 T0 的初值 x:

$$t = (2^{13} - x) \times \frac{12}{f_{osc}}$$

$$10 \times 10^{-3} = (2^{13} - x) \times \frac{12}{6 \times 10^6}$$

$$x = (8\,192 - 5\,000)\text{D} = 3\,192\text{D} = 0110001111000\text{B}$$

所以,$(\text{TH0}) = 63\text{H}, (\text{TL0}) = 18\text{H}$。

由于采用 T0 定时方式 0,则 $(\text{TMOD}) = 00000000\text{B} = 00\text{H}$。

实现该要求的程序如下:

```
        ORG     0000H
        LJMP    MAIN
        ORG     0030H
MAIN:   MOV     TMOD,#00H       ;采用 T0 方式 0 定时
        MOV     TH0,#63H        ;装入 T0 计数初值
        MOV     TL0,#18H
        SETB    TR0
LOOP:   JBC     TF0,NOOP        ;判断定时器是否溢出
        SJMP    LOOP
NOOP:   CPL     P1.0            ;P1.0 取反输出
        MOV     TH0,#63H        ;重新装入 T0 计数初值
        MOV     TL0,#18H
        SJMP    LOOP
        END
```

例 6-9 利用定时器/计数器 T1 的方式 1,产生 100 ms 的定时,并使 P1.7 引脚上输出周期为 200 ms 的方波,已知系统时钟频率为 6 MHz,试设计程序。

解 计算 T1 的初值 x:

$$t = (2^{16} - x) \times \frac{12}{f_{osc}}$$

$$100 \times 10^{-3} = (2^{16} - x) \times \frac{12}{6 \times 10^6 \text{ Hz}}$$

$$x = (65\,536 - 50\,000)\text{D} = 15\,536\text{D} = 3\text{CB0H}$$

所以,$(\text{TH1}) = 3\text{CH}, (\text{TL1}) = 0\text{B0H}$。

由于采用 T1 定时方式 1,则 $(\text{TMOD}) = 00010000\text{B} = 10\text{H}$。

实现该要求的程序如下:

```
        ORG     0000H
        LJMP    MAIN
        ORG     0030H
MAIN:   MOV     TMOD,#10H       ;采用 T1 方式 1 定时
        MOV     TH1,#3CH        ;装入 T1 计数初值
        MOV     TL1,#0B0H
```

	SETB	TR1	
LOOP:	JBC	TF1,NOOP	;判断定时器是否溢出
	SJMP	LOOP	
NOOP:	CPL	P1.7	;P1.7取反输出
	MOV	TH1,#3CH	;重新装入 T1 计数初值
	MOV	TL1,#0B0H	
	SJMP	LOOP	
	END		

例 6-10　利用定时器/计数器 T1,采用方式 2,使 P1.7 引脚输出周期为 400 μs 的方波,设系统时钟频率为 12 MHz。试设计程序。

解　计算 T1 的初值 x:

$$t = (2^8 - x) \times \frac{12}{f_{osc}}$$

$$200 \times 10^{-6} = (2^8 - x) \times \frac{12}{12 \times 10^6}$$

$$x = (256 - 200)\, D = 56\, D = 38H$$

所以,(TH1)=38H,(TL1)=38H。

由于采用 T1 定时方式 2,则(TMOD)=00100000B=20H。

实现该要求的程序如下:

	ORG	0000H	
	LJMP	MAIN	
	ORG	0030H	
MAIN:	MOV	TMOD,#20H	;采用 T1 方式 2 定时
	MOV	TH1,#38H	;装入 T1 计数初值
	MOV	TL1,#38H	
	SETB	TR1	
LOOP:	JBC	TF1,NOOP	;判断定时器是否溢出
	SJMP	LOOP	
NOOP:	CPL	P1.7	;P1.7取反输出
	SJMP	LOOP	
	END		

例 6-11　利用定时器 T1 方式 2 对外部信号进行计数,要求每计满 110 次,将 P1.0 端取反。试设计程序。

解　计算 T1 的初值 x:

$$x = 2^8 - N = (256 - 110)\, D = 146\, D = 92H$$

所以,(TH1)=92H,(TL1)=92H。

由于采用 T1 计数方式 2,则(TMOD)=01100000B=60H。

实现该要求的程序如下:

```
          ORG        0000H
          LJMP       MAIN
          ORG        0030H
MAIN:     MOV        TMOD,#60H        ;采用 T1 方式 2 计数
          MOV        TH1,#92H         ;装入 T1 计数初值
          MOV        TL1,#92H
          SETB       TR1
LOOP:     JBC        TF1,NOOP         ;判断定时器是否溢出
          SJMP       LOOP
NOOP:     CPL        P1.7             ;P1.7 取反输出
          SJMP       LOOP
          END
```

例 6 - 12　利用定时器/计数器 T0,采用方式 1,使 P1.7 引脚输出周期为 1 s 的方波,设系统时钟频率为 12 MHz。试设计程序。

解　周期为 1 s 的方波要求定时值为 500 ms,在时钟为 12 MHz 的情况下,即使采用定时器工作方式 1(16 位计数器),这个值也超过了方式 1 可能提供的最大定时值(65 ms)。采用降低单片机时钟频率的方法虽然可以延长定时器的定时时间,但会降低 CPU 的运行速度,而且定时误差也会增大,故不是最好的方法。下面介绍一种利用定时器定时和软件计数来延长定时时间的方法。

要获得 500 ms 的定时,可选用定时器 T0 方式 1,定时时间为 50 ms。另设一个软件计数器,初始值为 10。每隔 50 ms 定时时间到,即将软件计数器的值减 1,当软件计数器减到 0 时,就获得 500 ms 定时。

因此计算 T0 的初值 x:

$$t = (2^{16} - x) \times \frac{12}{f_{osc}}$$

$$50 \times 10^{-3} = (2^{16} - x) \times \frac{12}{12 \times 10^6 \text{ Hz}}$$

$$x = (65\ 536 - 50\ 000)\text{D} = 15\ 536\ \text{D} = 3\text{CB0H}$$

所以,(TH0)=3CH,(TL0)=0B0H。

由于采用 T0 定时方式 1,则(TMOD)=00000001B=01H。

实现该要求的程序如下:

```
          ORG        0000H
          LJMP       MAIN
          ORG        0030H
MAIN:     MOV        TMOD,#01H        ;采用 T0 方式 1 定时
          MOV        TH0,#3CH         ;装入 T0 计数初值
          MOV        TL0,#0B0H
          MOV        R7,#10           ;软件计数器,初值为 10
          SETB       TR0
LOOP:     JBC        TF0,NOOP         ;判断定时器是否溢出
```

	SJMP	LOOP	
NOOP:	MOV	TH0,#3CH	;重新装入 T0 计数初值
	MOV	TL0,#0B0H	
	DJNZ	R7,LOOP	;判断软件计数器的值是否减完
	CPL	P1.7	;P1.7 取反输出
	MOV	R7,#10	;重新装入软件计数器的初值
	SJMP	LOOP	
	END		

例 6-13　利用定时器/计数器 T0,采用方式 3,使 P1.7 引脚输出周期为 300 μs,高低电平比例为 3：2 的矩形波,设系统时钟频率为 12 MHz。试设计程序。

解　由于高低电平比例为 3：2,则高电平延时时间为 180 μs,低电平延时时间为 120 μs,又因为 T0 方式 3 为两个独立的定时器,因此可设 TH0 完成 180 μs 的定时,TL0 完成 120 μs 的定时。

所以,TH0 的初值 $x=(256-180)$ D=76 D=4CH,TL0 的初值 $y=(256-120)$ D=136 D=88H,即(TH0)=4CH,(TL0)=88H,(TMOD)=03H。

实现该要求的程序如下：

	ORG	0000H	
	LJMP	MAIN	
	ORG	0030H	
MAIN:	MOV	TMOD,#03H	;采用 T0 方式 3 定时
L1:	MOV	TH0,#4CH	;装入 TH0 计数初值
	SETB	P1.7	;P1.7 输出高电平,时间为 180 μs
	SETB	TR1	;TH0 定时器开始工作
LOOP1:	JBC	TF1,NOOP1	
	SJMP	LOOP1	
NOOP1:	CLR	TR1	;关闭 TH0 计数器
	MOV	TL0,#88H	;装入 TL0 计数初值
	CLR	P1.7	;P1.7 输出低电平,时间为 120 μs
	SETB	TR0	;TL0 定时器开始工作
LOOP2:	JBC	TF0,NOOP2	
	SJMP	LOOP2	
NOOP2:	CLR	TR0	;关闭 TL0 计数器
	AJMP	L1	
	END		

例 6-14　测量 $\overline{INT0}$ 引脚上出现的正脉冲宽度,并将结果(以机器周期的形式)存放到 40H 和 41H 单元中,其中 40H 单元存放高位。

解　前面已经介绍,当门控位(GATE)=1,且启动位(TR)=1 时,允许外部中断输入电平直接控制定时器/计数器的启动和停止。利用定时器/计数器的这个特性,可以测量外部输入脉冲的宽度。

由题意,将定时器/计数器 T0 设定为定时方式 1,且(GATE)=1,计数器初值为 0,将

TR0 置 1。当 $\overline{INT0}$ 引脚上出现高电平时,加 1 计数器开始对机器周期计数,当 $\overline{INT0}$ 引脚上信号变为低电平时,停止计数,然后读出 TH0 和 TL0 的值。

实现该要求的程序如下:

```
                ORG         0000H
                LJMP        MAIN
                ORG         0030H
MAIN:           MOV         TMOD,#09H        ;采用 T0 方式 1 定时,且(GATE)=1
                MOV         TH0,#00H         ;置计数初值
                MOV         TL0,#00H
                JB          P3.2,$           ;等待INT0变低
                SETB        TR0              ;当INT0由高变低时,(TR0)=1
                JNB         P3.2,$           ;等待INT0变高,启动定时器工作
                JB          P3.2,$           ;等待INT0变低
                CLR         TR0              ;当INT0由高变低时,定时器停止工作
                MOV         40H,TH0          ;存结果
                MOV         41H,TL0
                SJMP        $
                END
```

运行上述程序后,只要将 40H 和 41H 单元的内容转换为十进制数,再乘以机器周期就可得到脉冲的高电平宽度。由于 16 位计数器长度有限,被测脉冲宽度应小于 65 536 个机器周期。

6.5　闪烁灯的实例设计

6.5.1　设计要求

设计一个闪烁灯系统。在 AT89C51 单片机的 P1.0、P1.1 和 P1.2 三个端口上分别接有一个发光二极管 D_1、D_2 和 D_3,编程使得三个发光二极管的闪烁时间为 1 s、2 s 和 6 s。

6.5.2　硬件设计

在运行 Proteus ISIS 的执行程序后,进入 Proteus ISIS 编辑环境,按表 6-2 所示的元件清单添加元件。

表 6-2　元件清单

元件名称	所属类	所属子类
AT89C51	Microprocessor ICs	8051 Family
CAP	Capacitors	Generic
CAP - POL	Capacitors	Generic
CRYSTAL	Miscellaneous	—

元件名称	所属类	所属子类
RES	Resistors	Generic
LED – Red	Optoelectronics	LEDs
LED – Yellow	Optoelectronics	LEDs
LED – Green	Optoelectronics	LEDs

元件全部添加后,在 Proteus ISIS 的编辑区按图 6 - 6 所示的电路原理图连接硬件电路。

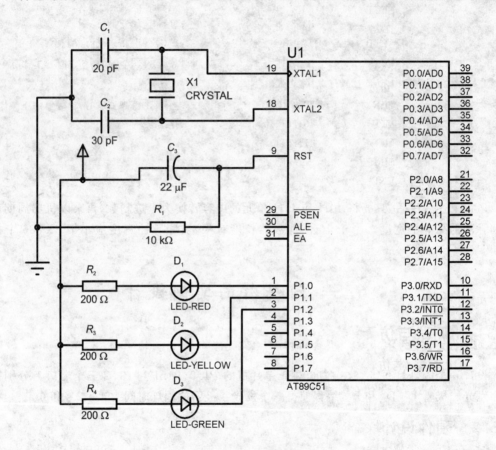

图 6 - 6　电路原理图

6.5.3　程序设计

如图 6 - 6 所示,当 P1.0 端口输出高电平,即(P1.0) = 1 时,根据发光二极管的单向导电性可知,这时发光二极管 D_1 熄灭;当 P1.0 端口输出低电平,即(P1.0) = 0 时,发光二极管 D_1 亮。同理对于 D_2 和 D_3 的亮灭,P1.1 和 P1.2 也可如此设置。

在本例中采用单片机的定时器/计数器 T0 产生 50 ms 的延时,故(TMOD) = 01H,(TH0) = 3CH,(TL0) = 0B0H。

系统参考程序如下:

```
              ORG        0000H
              LJMP       MAIN
              ORG        0030H
MAIN:         MOV        TMOD,#01H          ;T0 方式 1 定时
              MOV        TH0,#3CH           ;T0 定时 50 ms 初值
              MOV        TL0,#0B0H
              MOV        R5,#20             ;20×50 ms=1 s 定时
              MOV        R6,#2              ;2×20×50 ms=2 s 定时
              MOV        R7,#3              ;3×2×20×50 ms=6 s 定时
              SETB       TR0                ;定时器开始定时工作
LOOP:         JBC        TF0,NOOP
              SJMP       LOOP
NOOP:         MOV        TH0,#3CH           ;重新装载 T0 初值
              MOV        TL0,#0B0H
              DJNZ       R5,LOOP            ;1 s 时间是否到?
              CPL        P1.0               ;D1 灯闪烁一次
              MOV        R5,#20
              DJNZ       R6,LOOP            ;2 s 时间是否到?
              CPL        P1.1               ;D2 灯闪烁一次
              MOV        R6,#2
              DJNZ       R7,LOOP            ;6 s 时间是否到?
              CPL        P1.2               ;D3 灯闪烁一次
              MOV        R7,#3
              AJMP       LOOP               ;重复循环
              END
```

6.5.4 调试与仿真

该设计的调试与仿真步骤如下:

① 打开 Keil μVision3,新建 Keil 项目。

② 选择 CPU 类型,此例中选择 ATMEL 的 AT89C51 单片机。

③ 新建汇编源文件(ASM 文件),编写程序,并保存。

④ 在 Project Workspace 子窗口中,将新建的 ASM 文件添加到 Source Group 1 中。

⑤ 在 Project Workspace 子窗口中的 Target 1 文件夹上右击,在弹出的快捷菜单中选择 Option for Target'Target 1',则弹出 Options for Target 对话框,选择 Output 选项卡,在此选项卡中选中 Create HEX File 复选框。

⑥ 选择 Project→Build Target 编译程序。

⑦ 在 Proteus ISIS 中,将产生的 HEX 文件加入 AT89C51,并仿真电路检验系统运行状态是否符合设计要求,如图 6-7 所示。

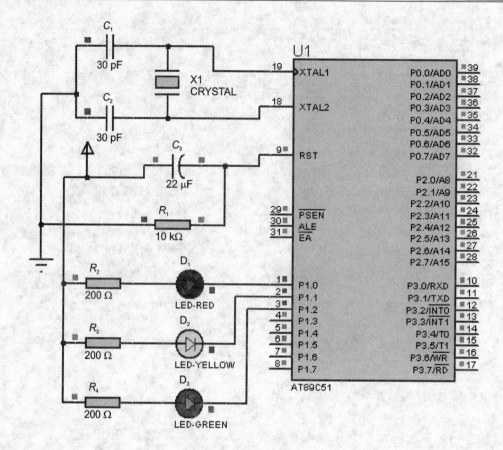

图 6-7 程序运行结果

习　题

1. 综述 MCS-51 单片机定时器/计数器 T0、T1 的结构与工作原理。

2. 试述 8051 单片机内部两个定时器/计数器的功能和四种工作方式。

3. 定时器/计数器用作定时方式时,其定时时间与哪些因素有关? 作计数方式时,对外界计数频率有什么限制?

4. 定时器/计数器 T0 已预置为 0FFFFH,并选定用于方式 1 的计数方式,问此定时器/计数器 T0 的实际用途是什么?

5. 用定时器 T1 以方式 0 作计数器,要求计 1 500 个外部脉冲后溢出,请写出 TMOD 的内容及计算计数寄存器的初值(TH1、TL1 的内容)。

6. 设 8051 系统的晶振频率为 6 MHz,要求用定时器 T0 方式 1,定时时间为 130 ms,请写出 TMOD 的内容并计算计数寄存器初值。

7. 定时器/计数器 T0 如用于下列定时,已知晶振频率为 12 MHz,试为定时器/计数器 T0 编制初始化程序。

① 50 ms 定时;

② 25 ms 定时。

8. 定时器/计数器 T0 已预置为 156,且选定用于方式 2 的计数方式,现在 T0 引脚上输入周期为 1 ms 的脉冲,问:

① 此时定时器/计数器 T0 的实际用途是什么?

② 在什么情况下,定时器/计数器 T0 溢出?

9. 用 T0 以方式 1 产生频率为 1 kHz 的方波,已知晶振频率为 12 MHz,请编程实现。

10. 已知 8051 单片机的晶振频率为 6 MHz,使用 T1 方式 2 在 P1.7 处输出周期为 400 μs,高低电平比例为 3:1 的矩形脉冲,请编程实现。

11. 用定时器 T1 进行外部事件计数,每计满 1 000 个脉冲后,定时器 T1 转为定时工作方式,定时 10 ms 后,又转为计数方式,如此循环不止。已知晶振频率为 6 MHz,请使用方式 1 编程实现。

12. 已知晶振频率为 12 MHz 的 8051 单片机,使用 T0 在 P1.0 和 P1.1 分别输出周期为 2 ms 和 500 μs 的方波,请编程实现。

13. 试利用 T0 从 P1.0 输出周期为 1 s,脉宽为 20 ms 的正脉冲信号。已知晶振频率为 6 MHz。

14. 利用定时器/计数器 T0 产生定时时钟,由 P1 口控制 8 个指示灯。编一个程序,使 8 个指示灯依次一个一个闪动,闪动频率为 20 次/s(8 个灯依次亮一遍为一个周期)。

第7章 中断系统

中断技术是计算机中的重要技术之一,它既和硬件有关,也和软件有关。正因为有了中断,才使得单片机的工作更灵活,效率更高。本章将介绍中断的概念,并以8051系列单片机的中断系统为例介绍中断的处理过程及应用。

7.1 中断系统概述

在程序正常运行时,单片机内部或外部常会随机或定时(如定时器发出的信号)出现一些紧急事件,在多数情况下需要CPU立即响应并进行处理。为了解决这一问题,在计算机中引入了中断计数。

7.1.1 基本概念

关于中断系统的几个基本概念介绍如下。

(1) 中 断

所谓中断是指CPU正在处理某一事件A时,外部发生了另一事件B,请求CPU迅速去处理,这时CPU暂停当前的工作,转去处理事件B,待CPU将事件B处理完毕后,再回到原来事件A被停止的地方,继续处理事件A,这样的过程称为中断,如图7-1所示。

(2) 主程序

在中断系统中,通常将CPU正常情况下运行的程序称为主程序。

(3) 中断源

在中断系统中,把引起中断的设备或事件称为中断源。

(4) 中断请求信号

由中断源向CPU所发出的请求中断的信号称为中断请求信号。

(5) 中断响应

CPU接受中断申请终止现行程序而转去为服务对象服务称中断响应。

(6) 中断服务程序

为服务对象服务的程序称为中断服务程序,也称为中断处理程序。

(7) 断点

现行程序中断的地方称为断点。

(8) 中断返回

为中断服务对象服务完毕后返回原来的程序称为中断返回。

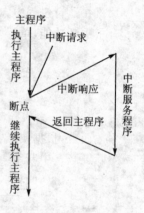

图7-1 中断过程示意图

7.1.2　中断技术的优点

单片机引入中断技术之后,主要具有如下优点。

（1）分时操作

在单片机与外部设备交换信息时,存在着高速 CPU 和低速外设（如打印机等）之间的矛盾。若采用软件查询方式,则不但占用了 CPU 操作时间,而且响应速度慢,而中断功能解决了高速 CPU 与低速外设之间的矛盾。当引入中断技术时,CPU 在启动外设工作后,继续执行主程序,同时外设也在工作。每当外设做完一件事,就发出中断申请,请求 CPU 中断它正在执行的程序,转去执行中断服务程序（一般是处理输入/输出数据）。中断处理完毕后,CPU 恢复执行主程序,外设仍继续工作。这样,CPU 可以命令多个外设（如键盘和打印机等）同时工作,从而大大提高了 CPU 的工作效率。

（2）实时处理

在实时控制中,现场的各个参数、信息是随时间和现场情况不断变化的。有了中断功能,外界的这些变化量可根据要求随时向 CPU 发出中断请求,要求 CPU 及时处理,CPU 就可以马上响应（若中断响应条件满足）并加以处理。这样的及时处理在查询方式下是做不到的,从而大大缩短了 CPU 的等待时间。

（3）故障处理

单片机在运行过程中,难免会出现一些无法预料的故障,如存储出错、运算溢出和电源突跳等。有了中断功能,单片机就能自行处理,而不必停机。

7.2　MCS-51 中断系统

MCS-51 有 5 个中断源,可提供两级中断优先级,即可实现二级中断服务程序嵌套。对每个中断源而言,根据实际需要,既可程控为高优先级中断或低优先级中断,也可程控为中断开放或中断屏蔽。中断系统内部结构如图 7-2 所示。

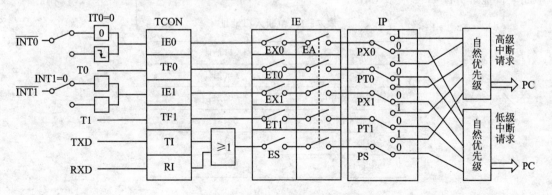

图 7-2　中断系统内部结构示意图

7.2.1　中断源

从图 7-2 可看出,MCS-51 具有 5 个中断源,即由 P3.2 和 P3.3 引脚输出的外部中断 0

($\overline{INT0}$)和外部中断 1($\overline{INT1}$);定时器/计数器 T0 和定时器/计数器 T1 溢出中断;串行口中断
(TXD 和 RXD)。下面对此进行分类介绍。

1. 外部中断类

外部中断是由外部原因引起的,包括外部中断 0 和外部中断 1。这两个中断请求信号分
别通过两个固定引脚即 $\overline{INT0}$(P3.2)和 $\overline{INT1}$(P3.3)输入。

外部中断请求信号有两种信号输入方式,即电平方式和脉冲方式。

在电平方式下为低电平有效,即在 P3.2 脚或 P3.3 脚出现有效低电平时,外部中断标志
就置为 1;在脉冲方式下为下降沿有效,即在这两个引脚出现有效下降沿时,外部中断标志就
置为 1。

注意:在脉冲方式下,中断请求信号的高、低电平状态都应该至少维持 1 个机器周期。

2. 定时中断类

定时中断是为了满足定时或计数溢出处理的需要而设置的。

定时方式的中断请求是由单片机内部发生的,输入脉冲是内部产生的周期固定的脉冲信
号(1 个机器周期),无需在芯片外部设置输入端。

计数方式的中断请求是由单片机外部引起的,脉冲信号由 T0(P3.4)或 T1(P3.5)引脚输
入,脉冲下降沿为计数有效信号。这种脉冲周期是不固定的。

3. 串行口中断类

串行口中断是为了满足串行数据的传送需要而设置的。每当串行口由 TXD(P3.1)端发
送完 1 个完整的串行帧数据,或从 RXD(P3.0)端接收完 1 个完整的串行帧数据时,都会使内
部串行口中断请求标志置 1,并请求中断。

7.2.2　中断入口地址

当 CPU 响应某中断源的中断请求之后,CPU 将此中断源的入口地址装入 PC 程序计数
器,中断服务程序即从地址开始执行,因而将此地址称为"中断入口地址"。8051 单片机的各
中断入口地址分配如表 7-1 所列。

表 7-1　中断入口地址

中断源	入口地址
外部中断 0	0003H
定时器 T0 中断	000BH
外部中断 1	0013H
定时器 T1 中断	001BH
串行口中断	0023H

7.2.3　中断控制寄存器

中断功能虽然是硬件和软件结合的产物,但用户不必了解中断硬件电路和发生过程。对
于用户来说,重点是怎样通过软件管理和应用中断功能。为此,首先应该掌握与中断有关的控
制寄存器,下面分别介绍中断控制寄存器。

1. 中断允许控制寄存器 IE

中断允许控制寄存器 IE 可以控制对中断的开放和关闭。IE 的字节地址为 A8H，可以支持位寻址，其格式如表 7-2 所列。

表 7-2　IE 各位的定义

位地址	AFH	—	—	ACH	ABH	AAH	A9H	A8H
位标志	EA	—	—	ES	ET1	EX1	ET0	EX0

中断优先级控制寄存器 IP 的各位名称及作用如下。

（1）中断允许总控制位 EA

当 EA=1 时，CPU 开放中断；当 EA=0 时，CPU 关闭中断。

（2）串行口中断允许控制位 ES

当 ES=1 时，允许串行口中断；当 ES=0 时，禁止串行口中断。

（3）定时器/计数器 T1 中断允许控制位 ET1

当 ET1=1 时，允许定时器/计数器 T1 中断；当 ET1=0 时，禁止定时器/计数器 T1 中断。

（4）外部中断$\overline{INT1}$中断允许控制位 EX1

当 EX1=1 时，允许外部中断$\overline{INT1}$中断；当 EX1=0 时，禁止外部中断$\overline{INT1}$中断。

（5）定时器/计数器 T0 中断允许控制位 ET0

当 ET0=1 时，允许定时器/计数器 T0 中断；当 ET0=0 时，禁止定时器/计数器 T0 中断。

（6）外部中断$\overline{INT0}$中断允许控制位 EX0

当 EX0=1 时，允许外部中断$\overline{INT0}$中断；当 EX0=0 时，禁止外部中断$\overline{INT0}$中断。

2. 定时器控制寄存器 TCON

TCON 为定时器 T0 和 T1 的控制寄存器，TCON 的高 4 位存放定时器的运行控制位和溢出标志位，低 4 位存放外部中断的触发方式控制位和锁存外部中断请求源。其各位的格式如表7-3所列。TCON 的字节地址为 88H，支持位寻址，当单片机复位时，TCON 的所有位均为 0。下面主要介绍该寄存器低字节各位的名称及作用，其高字节已在第 6 章介绍过，这里不再介绍。

表 7-3　TCON 各位的定义

位地址	8FH	8EH	8DH	8CH	8BH	8AH	89H	88H
位标志	TF1	TF1	TF0	TR0	IE1	IT1	IE0	IT0

（1）外部中断$\overline{INT1}$的中断触发方式选择位 IT1

当 IT1=0 时，表示为电平触发，低电平有效；当 IT1=1 时，表示为边沿触发，下降沿有效。

（2）外部中断$\overline{INT1}$的中断请求标志位 IE1

当 IT1=0，即为低电平触发时，若 P3.3 检测到低电平，则认为有中断请求，随即将 IE1 置为 1，向 CPU 申请中断；当 CPU 响应中断后，则用用户清 0。

当 IT1=1，即为下降沿触发时，若 P3.3 检测到下降沿，则认为有中断请求，随即将 IE1 置为 1，向 CPU 申请中断；当 CPU 响应中断后，则由硬件自动清 0。

（3）外部中断$\overline{\text{INT0}}$的中断触发方式选择位 IT0

其功能及操作情况同 IT1。

（4）外部中断$\overline{\text{INT0}}$的中断请求标志位 IE0

当 IT0＝0，即为低电平触发时，若 P3.2 检测到低电平，则认为有中断请求，随即将 IE0 置为 1，向 CPU 申请中断；当 CPU 响应中断后，则由用户清 0。

当 IT0＝1，即为下降沿触发时，若 P3.2 检测到下降沿，则认为有中断请求，随即将 IE0 置为 1，向 CPU 申请中断；当 CPU 响应中断后，则由硬件自动清 0。

3. 串行口控制寄存器 SCON

SCON 是串行口控制寄存器，字节地址为 98H，支持位寻址，其低 2 位 TI 和 RI 锁存串行口的接收中断和发送中断标志。

SCON 中与中断有关的各位（其他位将在第 8 章介绍）如表 7－4 所列。

表 7－4　SCON 各位的定义

位地址	9FH	9EH	9DH	9CH	9BH	9AH	99H	98H
位标志	SM0	SM1	SM2	REN	TB8	RB9	TI	RI

其各位名称及作用如下。

（1）串行口发送中断标志位 TI

当 TI＝1 时，说明 CPU 将 1 字节数据写入发送缓冲器 SBUF，并且已发送完 1 个串行帧，此时，硬件使 TI 置 1。在中断工作方式下，可以向 CPU 申请中断，在中断和查询工作方式下都不能自动清除 TI，必须由软件清除标志。

当 TI＝0 时，说明没有进行串行发送，或者串行发送未完成。

（2）串行口接收中断标志位 RI

当 RI＝1 时，在串行口允许接收后，每接收完 1 个串行帧，硬件使 RI 置 1。同样，在中断和查询工作方式下都不会自动清除 RI，必须由软件清除标志。

当 RI＝0 时，说明没有进行串行接收，或者串行接收未完成。

4. 中断优先级控制寄存器 IP

8051 单片机中断优先级的设定由特殊功能寄存器 IP 统一管理。它具有 2 个中断优先级，由软件设置每个中断源为高优先级中断或低优先级中断，可实现二级中断嵌套。

高优先级中断源可中断正在执行的低优先级中断服务程序，除非在执行低优先级中断服务程序时设置了 CPU 关中断或禁止某些高优先级中断源的中断。同级或低优先级的中断源不能中断正在执行的中断服务程序。为此，在 8051 单片机系统中，内部有 2 个（用户不能访问的）优先级状态触发器，它们分别指示 CPU 是否在执行高优先级或低优先级中断服务程序，从而决定是否屏蔽所有的中断申请或同一级的其他中断申请。

中断优先级控制寄存器 IP 可用于选择各中断源优先级顺序，用户可用软件进行设定。其字节地址为 B8H，支持位寻址，其各位格式如表 7－5 所列。

表 7－5　IP 各位的定义

位地址	—	—	—	BCH	BBH	BAH	B9H	B8H
位标志	—	—	—	PS	PT1	PX1	PT0	PX0

中断优先级控制寄存器 IP 的各位名称及作用如下。

(1) 串行口中断优先级选择位 PS

当 PS＝1 时,设定串行口为高优先级;

当 PS＝0 时,设定串行口为低优先级。

(2) T1 中断优先级选择位 PT1

当 PT1＝1 时,设定 T1 定时器为高优先级;

当 PT1＝0 时,设定 T1 定时器为低优先级。

(3) 外部中断 1 中断优先级选择位 PX1

当 PX1＝1 时,设定外部中断 1 为高优先级;

当 PX1＝0 时,设定外部中断 1 为低优先级。

(4) T0 中断优先级选择位 PT0

当 PT0＝1 时,设定 T0 定时器为高优先级;

当 PT0＝0 时,设定 T0 定时器为低优先级。

(5) 外部中断 0 中断优先级选择位 PX0

当 PX0＝1 时,设定外部中断 0 为高优先级;

当 PX0＝0 时,设定外部中断 0 为低优先级。

如果几个相同优先级的中断源同时向 CPU 申请中断,CPU 通过内部硬件查询逻辑按自然优先级顺序确定该响应哪个中断请求。其自然优先级由硬件形成,排列如表 7－6 所列。

表 7－6　各中断源及其自然优先级

编　号	中断源	自然优先级
1	外部中断 0 中断	最高级
2	定时器 T0 中断	↓
3	外部中断 1 中断	
4	定时器 T1 中断	
5	串行口中断	最低级

这种排列顺序在实际应用中很方便、合理。如果重新设置了优先级,则顺序查询逻辑电路将会相应改变排队顺序。例如:如果给 IP 中设置的优先级控制字为 09H,则 PT1 和 PX0 均为高优先级中断;但当这 2 个中断源同时发出中断申请时,CPU 将首先响应自然优先级较高的 PX0 的中断申请。

对于中断源多于 5 个的单片机型号,其优先级顺序向下排列,如 AT89S52 的 T2 级别低于串行口。

7.3　中断的响应过程和响应时间

7.3.1　中断的响应过程

从中断请求发生直到被响应去执行中断服务程序,这是一个很复杂的过程。而整个过程均在 CPU 的控制下有规律的进行。

1. 中断采样

中断采样是针对外部中断请求信号进行的,而内部中断请求都发生在芯片内部,可以直接置位 TCON 或 SCON 中的中断请求标志。在每个机器周期的 S5P2(第五状态的第二节拍)期间,各中断标志采样相应的中断源,并置入相应标志。

2. 中断查询

若查询到某中断标志位为 1,则按优先级的高低进行处理,即响应中断。

80C51 的中断请求都汇集在 TCON 或 SCON 两个特殊功能寄存器中。而 CPU 则在下一机器周期的 S6 期间按优先级的顺序查询各中断标志。先查询高级中断,再查询低级中断。同级中断按内部中断优先级序列查询。如果查询到有中断标志位为 1,则表明有中断请求发生,接着从相邻的下一个机器周期的 S1 状态开始进行中断响应。

3. 中断响应

响应中断后,由硬件自动生成长调用指令 LCALL,其格式为"LCALL addr16",其中 addr16 就是各中断源的中断矢量地址(参见表 7-1)。首先将程序计数器 PC 的内容压入堆栈进行保护,先低位地址,后高位地址,同时堆栈指针 SP 加 2。

将对应中断源的中断矢量地址装入程序计数器 PC,使程序转向该中断矢量地址,去执行中断服务程序。由于各中断矢量区仅 8 个字节,一般情况下难以安排下一个完整的中断服务程序,因此,通常是在中断矢量区中安排一条无条件转移指令,使程序执行转向在其他地址中存放的中断服务程序。

中断服务程序由中断矢量地址开始执行,直到遇到 RETI 指令为止。执行中断返回指令 RETI,一是撤销中断申请,弹出断点地址进入程序计数器(PC),先弹出高位地址,后弹出低位地址,同时堆栈指针 SP 减 2,恢复原程序的断点地址执行;二是恢复中断触发器原先状态。

中断响应是有条件的,在接受中断申请时,如遇下列情况之一时,硬件生成的长调用指令 LCALL 将被封锁。

① CPU 正在执行同级或高一级的中断服务程序中。因为当一个中断被影响时,其对应的中断优先级触发器被置 1,封锁了同级和低级中断。

② 查询中断请求的机器周期不是执行当前指令的最后一个周期。其目的在于使当前指令执行完毕后,才能进行中断响应,以确保当前指令的完整执行。

③ 当前正在执行 RETI 指令或执行对 IE、IP 的读/写操作指令。80C51 中断系统的特性规定,在执行完这些指令之后,必须再继续执行一条指令,然后才能响应中断。

综上所述可以看出,中断的执行过程与调用子程序有许多相似点,比如:

① 都是中断当前正在执行的程序,转去执行子程序或中断服务程序。

② 都是由硬件自动地把断点地址压入堆栈,然后通过软件完成现场保护。

③ 执行完子程序或中断服务程序后,都要通过软件完成现场恢复,并通过执行返回指令,重新返回到断点处,继续往下执行程序。

④ 二者都可以实现嵌套,如中断嵌套和子程序嵌套。

但是中断的执行与调用子程序也有一些大的差别,比如:

① 中断请求信号可以由外部设备发出,是随机的,比如故障产生的中断请求和按键中断等;子程序调用却是由软件编排好的。

② 中断响应后由固定的矢量地址转入中断服务程序;子程序地址由软件设定。

③ 中断响应是受控的,其响应时间会受一些因素影响;子程序响应时间是固定的。

7.3.2　中断响应时间

当单片微机应用于实时控制系统时,往往非常在意中断的响应时间,比如出现故障后,CPU 在多长时间里能够响应和处理。

一般来说,在单级中断系统中,中断的响应时间最短为 3 个机器周期,最长为 8 个机器周期。

当中断请求标志位查询占 1 个机器周期,而这个机器周期又恰好是指令的最后一个机器周期,在这个机器周期结束后,CPU 即响应中断,产生硬件长调用指令 LCALL,执行这条长调用指令需要 2 个机器周期,这样,中断响应时间为 3 个机器周期。

中断响应时间最长为 8 个机器周期。如果 CPU 正在执行的是 RETI 指令或访问 IP、IE 指令,则等待时间不会多于 2 个机器周期,而中断系统规定把这几条指令执行完必须再继续执行一条指令后才能响应中断,如果这条指令恰好是 4 个机器周期长的指令(比如乘法指令 MUL 或除法指令 DIV),再加上执行长调用指令 LCALL 所需的 2 个机器周期,总共需要 8 个机器周期。

如果中断请求被前面所列三个条件之一所阻止,不能产生硬件长调用指令 LCALL,那么所需的响应时间就更长。如果正在处理同级或优先级更高的中断,那么中断响应的时间还需取决于处理中的中断服务程序的执行时间。

7.4　外部中断源的扩展

80C51 单片机具有 2 个外部中断请求输入端 $\overline{INT0}$ 和 $\overline{INT1}$。在实际应用中,若外部中断源超过 2 个,就需扩充外部中断源。这里介绍两种比较简单、可行的方法。

7.4.1　利用定时器扩展外部中断源法

80C51 单片机有 2 个定时器/计数器,具有 2 个内部中断标志和外部计数引脚。将定时器设置为计数方式,计数初值设定为满量程,一旦从外部计数引脚输入一个负跳变信号,计数器即加 1 产生溢出中断。把外部计数输入端 T0(P3.4)或 T1(P3.5)作扩充中断源输入,该定时器的溢出中断标志和服务程序作扩充中断源的标志和服务程序。

例如:将定时器 T0 设定为方式 2(自动重装载常数)代替一个扩充外部中断源,TH0 和 TL0 初值均为 0FFH,允许 T0 中断,CPU 开放中断,其初始化程序如下:

```
MOV      TMOD,#06H
MOV      TL0,#0FFH
MOV      TH0,#0FFH
SETB     TR0
SETB     ET0
SETB     EA
```

当连接在 T0(P3.4)引脚的外部中断请求输入线发生负跳变时,TL0 计数加 1 产生溢出,置位 TF0 标志,向 CPU 发出中断申请,同时,TH0 的内容 0FFH 自动送到 TL0,即 TL0 恢复初值。T0 引脚每输入 1 个负跳变信号，TF0 都会置 1，且向 CPU 请求中断，这就相当于边沿触发的外中断源输入了。

7.4.2　中断和查询结合法

采用定时器的方法有一定的局限性，只能增加 2 路中断源。如果要扩充更多的外部中断源，可以采用中断和查询结合的方法。如图 7 - 3 所示就是一种扩充外部中断源的实用方法。

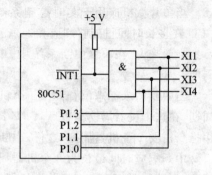

图 7 - 3　多外部中断源连接方法

图 7 - 3 中，采用一个四与门扩充 4 个外部中断源，所有这些扩充的外部中断源都是电平触发方式（低电平有效）。当 4 个扩充中断源 XI1～XI4 中有一个或几个出现低电平时，与门输出为 0，使 $\overline{INT1}$ 为低电平触发中断。在外中断 1 服务程序中，由软件按人为设定的顺序（优先级）查询外部中断源哪位为高电平，然后进入该中断进行处理。

在此方法中，各路输入的有效中断电平应该在 CPU 实际响应该中断源之前保持有效，并在该中断服务程序返回前取消。

$\overline{INT1}$ 的中断服务程序可以如下设计：

```
EXINT:   PUSH    PSW
         PUSH    ACC
         JNB     P1.0,AV1
         JNB     P1.1,AV2
         JNB     P1.2,AV3
         JNB     P1.3,AV4
DIB:     POP     ACC
         POP     PSW
         RETI
AV1:     ……                       ;XI1 中断服务程序
         ……
         LJMP    DIB
AV2:     ……                       ;XI2 中断服务程序
         ……
         LJMP    DIB
AV3:     ……                       ;XI3 中断服务程序
         ……
         LJMP    DIB
AV4:     ……                       ;XI4 中断服务程序
         ……
         LJMP    DIB
```

7.5　中断控制与中断服务程序设计

为实现中断而设计的有关程序称为中断程序。中断程序由中断控制程序和中断服务程序两部分组成。中断控制程序用于实现对中断的控制；中断服务程序用于完成中断源所要求的各种操作。从程序所处位置来看，中断控制程序在主程序中，作为主程序的一部分并和主程序一起运行；中断服务程序则存放在主程序之外的其他存储区，只是在主程序运行过程中发生中断时，CPU 暂停主程序执行，转而去执行中断服务程序，中断服务完毕以后，还得再转回来继续执行主程序。下面分别对其进行详细介绍。

7.5.1　中断控制程序

中断控制程序也称中断初始化程序。要使 CPU 在执行主程序的过程中能够响应中断，就必须先对中断系统进行初始化。MCS-51 单片机中断系统初始化包括设置堆栈、选择中断触发方式（对外中断而言）、开中断及设置中断优先级等。

系统复位或加电后，堆栈指针总是初始化为 07H，使得堆栈区实际上是从 08H 单元开始。但由于 08H～1FH 单元属于工作寄存器区，考虑到程序设计中经常要用到这些区，故常在中断控制程序中将 SP 的值改为 1FH 或更大。

另外，系统复位后，定时器/计数器控制寄存器 TCON、中断允许控制寄存器 IE 及中断优先级控制寄存器 IP 等均复位为 00H，也需要根据中断控制的要求，在中断控制程序中对这些寄存器进行编程。此外，有些中断源，如定时器/计数器的启动、初始值的预置和工作方式的设定等往往也是在中断控制程序中完成的。

7.5.2　中断服务程序

中断服务程序的设计要考虑以下几个因素。

① 由表 7-1 所列可知，两相邻中断服务程序的入口地址之间只相距 8 个字节，而一般服务程序长度都会超过 8 个字节，这样就必须在入口处安排一条跳转指令，将程序转移到别的存储空间，以避免和下一个中断地址相冲突。

② 中断服务程序中要使用与主程序有关的寄存器，因此 CPU 在中断之前要保护这些寄存器的内容，即要保护现场，而在中断返回时又要使它们恢复原值，即恢复现场。

③ 高优先级中断源的禁止。单片机具有两级中断优先级，可实现两级中断嵌套。高优先级的中断请求可以中断低优先级的中断处理，但是，对于某些不允许被中断的服务程序来说，也可以在 CPU 响应中断后用 CLR 指令（或其他指令）对 IE 寄存器某些位清 0，来禁止相应高优先级中断源的中断。

下面是一个在中断服务程序中保护现场和恢复现场的实例。设在执行中断服务程序时需要保护 PSW、ACC、B 和 DPTR 的内容。

其程序如下：

```
SERV:    PUSH    PSW         ;保护程序状态字
         PUSH    ACC         ;保护累加器 A
         PUSH    B           ;保护寄存器 B
```

```
          PUSH      DPL                    ;保护数据指针低字节
          PUSH      DPH                    ;保护数据指针高字节
          ……
          POP       DPH
          POP       DPL
          POP       B
          POP       ACC
          POP       PSW
          RETI                             ;中断返回
```

在使用 PUSH 和 POP 指令保护现场时,一方面要注意堆栈操作的"后进先出"原则,另一方面要注意 PUSH 和 POP 指令必须成对使用。否则,可能会使保存在堆栈中的数据丢失,或使中断不能正确返回。此外,只有那些在中断程序中要使用的寄存器内容才需要加以保护。

7.5.3　中断服务程序设计

例 7 - 1　用定时器 1 定时,由 P1.0 输出周期为 2 min 的方波,脉宽比为 1∶1,用来驱动 LED 灯的亮灭,电路如图 7 - 4 所示,已知晶振频率为 12 MHz(请采用中断方式编程)。

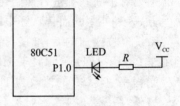

图 7 - 4　系统电路图

解　方波周期较长,用一个定时器(最长为 65 535 μs)无法实现长时间定时,为此可采用定时器加软件计数的方法或采用两个定时器合用的方法实现定时。

解法 1　采用定时器加软件计数方法。

设用定时器 T1 定时 10 ms,软件计 6 000 次,实现 1 min 定时。为此:40H 单元作 10 ms 计数单元,计满 100 次为 1 s;41H 单元为 s 计数单元,计满 60 次为 1 min;F0 作 min 的标志位(位地址为 4FH),1 min 到,该位置为 1,并使 P1.0 反相。T1 的计数初值为:$2^{16}-(10\times 1\,000)=55\,536=$D8F0H,定时器时间 10 ms 到,则 T1 发生溢出,向 CPU 发出中断申请,执行中断服务子程序,进行软件计数。主程序流程图如图 7 - 5(a)所示,中断服务程序流程图如图 7 - 5(b)所示。

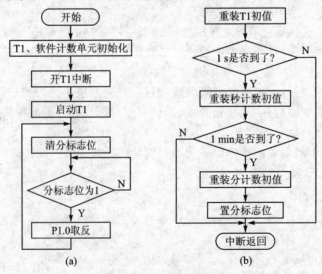

图 7 - 5　程序流程图

实现该要求的程序如下：

```
                ORG         0000H
                LJMP        MAIN
                ORG         001BH
                LJMP        ITT1                    ;T1 入口地址
                ORG         0030H
MAIN：          MOV         TMOD,#10H               ;采用 T1 方式 1 定时
                MOV         TH1,#0D8H               ;装入 T1 初值
                MOV         TL1,#0F0H
                MOV         40H,#100                ;设置 10 ms 计数单元初值
                MOV         41H,#60                 ;设置 1 s 计数单元初值
                SETB        EA                      ;允许中断
                SETB        ET1                     ;允许 T1 中断
                SETB        TR1                     ;启动 T1 定时器
LOOP：          CLR         F0                      ;清 min 标志位
                JNB         F0,$                    ;分标志位为 0,则等待中断
                CPL         P1.0                    ;P1.0 取反输出
                AJMP        LOOP                    ;重新清 min 标志位,并等待中断
ITT1：          MOV         TH1,#0D8H               ;重新装入 T1 初值
                MOV         TL1,#0F0H
                DJNZ        40H,ITT1_END            ;判断 1 s 时间是否到
                MOV         40H,#100                ;1 s 到,重赋 10 ms 计数单元初值
                DJNZ        41H,ITT1_END            ;判断 1 min 时间是否到
                MOV         41H,#60                 ;1 min 到,重赋 1 s 计数单元初值
                SETB        F0                      ;置 min 标志位
ITT1_END：      RETI                                ;中断返回
                END
```

解法 2　采用两个定时器/计数器合用以实现长时间定时。

采用两个定时器/计数器,其中 T0 作为定时用,定时时间为 50 ms,工作方式为方式 1,T1 作为计数使用,计数次数为 600 次,T0 溢出时,控制 P1.2 输出方波,作为 T1 的计数脉冲(P1.2 与 T1 引脚 P3.5 相连),T1 计数溢出时,满 1 min,控制 P1.0 反相,形成周期为 2 min 的方波。电路如图 7-6 所示。

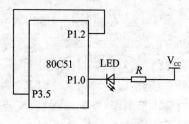

图 7-6　解法 2 电路图

T0 的初值为 $2^{16} - (50 \times 1\,000)D = 15\,536\,D = 3CB0H$。

T1 的初值为 $2^{16} - 600\,D = 64\,936\,D = FDA8H$。

实现该要求的程序如下：

```
                ORG         0000H
                LJMP        MAIN
                ORG         000BH              ;T0 中断入口地址
                LJMP        ITT0               ;进入 T0 中断服务程序
                ORG         001BH              ;T1 中断入口地址
                LJMP        ITT1               ;进入 T1 中断服务程序
                ORG         0030H
    MAIN:       MOV         TMOD,#51H          ;T0 定时方式 1 工作,T1 计数方式 1 工作
                MOV         TH0,#3CH           ;T0 定时 50 ms 初值
                MOV         TL0,#0B0H
                MOV         TH1,#0FDH          ;T1 计数 600 次初值
                MOV         TL1,#0A8H
                SETB        EA                 ;允许中断
                SETB        ET0                ;允许 T0 中断
                SETB        ET1                ;允许 T1 中断
                CLR         P1.0               ;首先输出低电平,灯灭
                SETB        TR0                ;T0 开始工作
                SETB        TR1                ;T1 开始工作
    L1:         SJMP        L1                 ;等待中断;
    ;T0 中断服务程序
    ITT0:       MOV         TH0,#3CH           ;T0 重新定时 50 ms 初值
                MOV         TL0,#0B0H
                CPL         P1.2               ;将 P1.2 取反输出
                RETI
    ;T1 中断服务程序
    ITT1:       MOV         TH1,#0FDH          ;T1 重新赋值 600 次
                MOV         TL1,#0A8H
                CPL         P1.0               ;将 P1.0 取反输出,灯亮(灭)
                RETI
                END
```

例 7-2　如图 7-7 所示,有一个由单片机组成的计数和方波输出系统,外部输入脉冲信号接至 P3.4 脚,由 T0 进行计数,要求每计满 1 000 次时,内部数据存储单元 50H 的值增 1,当增到 100 时 T0 停止计数,并使 P1.2 脚反向输出低电平,发光二极管 D_1 点亮,同时,要求 P1.4 脚输出一个周期为 20 ms 的方波。已知单片机晶振频率为 12 MHz,要求采用中断方式设计。

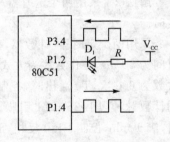

图 7-7　计数与方波输出系统示意图

解　定时器 T0 设置为工作方式 1 下的外部脉冲计数方式,完成 1 000 个外部脉冲的计数,定时器 T1 设置为工作方式 1 下的定时方式,完成 10 ms 的定时。因此 T0 和 T1 的初值可由下式得出:

T0 的初值 $X1 = (65\,536 - 1\,000)\,D = 64\,536\,D = FC18H$

T1 的初值 $X2 = (65\ 536 - 10\ 000)\ D = 55\ 536\ D = D8F0H$

即 TH0=0FCH,TL0=18H,TH1=0D8H,TL1=0F0H,TMOD=15H。

实现该要求的程序如下：

```
        ORG     0000H
        LJMP    MAIN
        ORG     000BH           ;T0 中断入口地址
        LJMP    ITT0            ;转 T0 中断服务程序
        ORG     001BH           ;T1 中断入口地址
        LJMP    ITT1            ;转 T1 中断服务程序
        ORG     0030H
MAIN:   MOV     TMOD,#15H       ;T1 定时方式 1,T0 计数方式 1
        MOV     TH0,#0FCH       ;T0 赋计数初值
        MOV     TL0,#18H
        MOV     TH1,#0D8H       ;T1 赋定时初值
        MOV     TL1,#0F0H
        SETB    EA              ;开放 CPU 中断
        SETB    ET0             ;允许 T0 中断
        SETB    ET1             ;允许 T1 中断
        SETB    P1.2            ;P1.2 输出高电平,D₁ 灯灭
        MOV     50H,#00H        ;计数单元 50H 清 0
        SETB    TR0             ;P3.4(T0)开始对外部脉冲计数
        SJMP    $               ;等待中断
ITT0:   MOV     TH0,#0FCH       ;T0 重新赋计数初值
        MOV     TL0,#18H
        INC     50H             ;计数单元 50H 增 1
        MOV     A,50H
        CJNE    A,#100,ITT0_1   ;计数单元 50H 的值是否增加到 100
        CLR     P1.2            ;P1.2 输出低电平,灯亮
        CLR     ET0             ;禁止 T0 中断
        CLR     TR0             ;T0 停止计数
        SETB    TR1             ;T1 开始工作
ITT0_1: RETI
ITT1:   MOV     TH1,#0D8H       ;T1 重新赋定时初值
        MOV     TL1,#0F0H
        CPL     P1.4            ;P1.4 取反输出,形成 20 ms 方波
        RETI
        END
```

7.6 "叮咚"门铃的实例设计

7.6.1 设计要求

设计一个"叮咚"门铃。当按下开关 SP1 时,单片机 P1.0 首先输出 700 Hz 的方波(方波总时长为 0.35 s),然后输出 500 Hz 的方波(方波总时长为 0.5 s)从而使扬声器发出"叮咚"声。

7.6.2 硬件设计

在运行 Proteus ISIS 的执行程序后,进入 Proteus ISIS 编辑环境,按表 7-7 所列的元件清单添加元件。

表 7-7 元件清单

元件名称	所属类	所属子类
AT89C51	Microprocessor ICs	8051 Family
CAP	Capacitors	Generic
CAP - ELEC	Capacitors	Generic
CRYSTAL	Miscellaneous	—
RES	Resistors	Generic
2N1711	Transistors	Bipolar
SOUNDER	Speakers & Sounders	—
BUTTON	Switches & Relays	Switches

元件全部添加后,在 Proteus ISIS 的编辑区按如图 7-8 所示的电路原理图连接硬件电路。

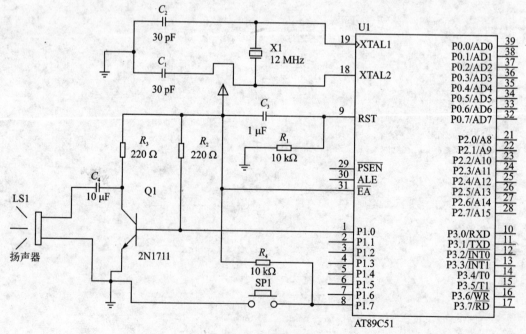

图 7-8 电路原理图

7.6.3　程序设计

用单片机的定时器/计数器 T1 来产生 700 Hz 和 500 Hz 的方波,用定时器/计数器 T0 来完成 0.35 s 和 0.5 s 的定时时间。

对标志位 F0 和 F1 定义如下:

① F0＝0,F1＝0,P1.0 输出高电平,表示扬声器不发出声音。

② F0＝1,F1＝0,P1.0 输出高电平 700 Hz 的方波,时长 0.35 s,表示扬声器发出"叮"声。

③ F0＝1,F1＝1,P1.0 输出高电平 500 Hz 的方波,时长 0.5 s,表示扬声器发出"咚"声。

系统参考程序如下:

```
            ORG      0000H
            LJMP     MAIN
            ORG      000BH          ;T0 中断入口地址
            LJMP     ITT0           ;转 T0 中断服务程序
            ORG      001BH          ;T1 中断入口地址
            LJMP     ITT1           ;转 T1 中断服务程序
            ORG      0030H
MAIN:       MOV      TMOD,#11H      ;T0、T1 均处于定时方式 1
            CLR      F0             ;清 F0,F1,使得扬声器不发出声音
            CLR      F1
            SETB     EA             ;开 CPU 中断
            SETB     ET0            ;允许 T0 中断
            SETB     ET1            ;允许 T1 中断
MAIN_1:     JB       P1.7,$         ;判断按键 SP1 是否按下
            JNB      P1.7,$         ;按键 SP1 是否已松开
            SETB     F0             ;F0 置 1,门铃开始发生
            MOV      TH0,#77H       ;T0 赋 35 ms 的定时初值
            MOV      TL0,#48H
            MOV      R7,#10         ;35 ms×10,完成 0.35 s 的定时
            MOV      TH1,#0FDH      ;T1 赋 700 Hz 的定时初值
            MOV      TL1,#35H
            SETB     TR0            ;T0 开始工作
            SETB     TR1            ;T1 开始工作
            JNB      F1,$           ;判断 F1 是否为 1,等待中断
            MOV      TH0,#3CH       ;T0 赋 50 ms 的定时初值
            MOV      TL0,#0B0H
            MOV      R7,#10         ;50 ms×10,完成 0.5 s 的定时
            MOV      TH1,#0FCH      ;T1 赋 500 Hz 的定时初值
            MOV      TL1,#18H
            SETB     TR0
```

```
            SETB        TR1
            JB          F0,$                    ;判断 F0 是否为 0,并等待中断
            AJMP        MAIN_1                  ;完成一次"叮咚"声,返回
ITT0:       JB          F1,ITT0_2               ;判断定时时长为 0.35 s 还是 0.5 s
            MOV         TH0,#77H                ;完成 0.35 s 定时
            MOV         TL0,#48H
            DJNZ        R7,ITT0_1
            CLR         TR0                     ;关 T0、T1
            CLR         TR1
            SETB        F1                      ;F1 置 1,表示已完成"叮"声
            AJMP        ITT0_1
ITT0_2:     MOV         TH0,#3CH                ;完成 0.5 s 定时
            MOV         TL0,#0B0H
            DJNZ        R7,ITT0_1
            CLR         TR0
            CLR         TR1
            CLR         F0                      ;F0、F1 清 0,表示已完成"咚"声
            CLR         F1
ITT0_1:     RETI
ITT1:       JB          F1,ITT1_2               ;判断频率为 700 Hz 还是 500 Hz
            MOV         TH1,#0FDH               ;产生 700 Hz 方波
            MOV         TL1,#35H
            AJMP        ITT1_3
ITT1_2:     MOV         TH1,#0FCH               ;产生 500 Hz 方波
            MOV         TL1,#18H
ITT1_3:     CPL         P1.0
            RETI
            END
```

7.6.4　调试与仿真

该设计的调试与仿真步骤如下:

① 打开 Keil μVision3,新建 Keil 项目。

② 选择 CPU 类型,此例中选择 ATMEL 的 AT89C51 单片机。

③ 新建汇编源文件(ASM 文件),编写程序,并保存。

④ 在 Project Workspace 子窗口中,将新建的 ASM 文件添加到 Source Group 1 中。

⑤ 在 Project Workspace 子窗口中的 Target 1 文件夹上右击,在弹出的快捷菜单中选择 Option for Target'Target 1',则弹出 Options for Target 对话框,选择 Output 选项卡,在此选项卡中选中 Create HEX File 复选框。

⑥ 选择 Project→Build Target 编译程序。

⑦ 在 Proteus ISIS 中,将产生的 HEX 文件加入 AT89C51,并仿真电路检验是否能够发出"叮咚"门铃声。

习　题

1. 什么是中断？在单片机中,中断能实现哪些功能？

2. 什么是中断优先级？中断优先级处理的原则是什么？

3. 8051 单片机有几个中断源？各中断标志是如何产生的？又是如何清 0 的？CPU 响应中断时,中断入口地址各是多少？

4. 外部中断源有几种触发方式？分别为哪几种？这几种触发方式所产生的中断过程又有何不同？怎样进行设定？

5. 中断请求的撤销有哪些方法？为什么？

6. 如何扩展外部中断源？

7. 请说明中断与子程序调用的异同点,请各举二点加以说明。

8. 中断响应过程中,为什么通常要保护现场？又如何进行保护？

9. 用定时器 T1 定时,要求在 P1.6 口输出一个方波,周期为 1 min,晶振频率为 12 MHz,请用中断方式实现,并分析采用中断后的优点。

10. 试用中断技术设计一个秒闪电路,其功能是发光二极管 LED 每秒闪亮 400 ms,主机频率为 6 MHz。

11. 用定时器 T1 进行外部事件计数,每计满 1 000 个脉冲后,定时器 T1 转为定时工作方式,定时 10 ms 后,又转为计数方式,如此循环不止。假定晶振频率为 6 MHz。

12. 已知晶振频率为 12 MHz 的 MCS-51 单片机,使用定时器 T0 在 P1.0 和 P1.1 分别输出周期为 2 ms 和 500 μs 的矩形脉冲,请编程实现。

13. 已知片外 RAM 从 1000H 单元开始有 60 个数据,要求每隔 120 ms 向片内 RAM20H 开始数据区传送 10 个数,用 10 次传送完毕,晶振频率为 6 MHz。

第8章　串行通信

随着多微型计算机系统的应用和微型计算机网络的发展,通信功能愈来愈显得重要。通信是计算机与外部设备之间,也可以是计算机与计算机之间的信息交换。通信有并行通信和串行通信两种方式。在多微型计算机系统以及现代测控系统中信息的交换多采用串行通信方式。

8.1　串行通信基础

串行通信是计算机与外界交换信息的一种基本通信方式。下面将详细介绍有关串行通信的一些基本知识。

8.1.1　串行通信方式

计算机与外界的信息交换称为通信,通常具有并行和串行两种通信方法。

并行通信是数据字节的各位同时发送,并通过并行接口实现。例如,MCS-51 的 P0 口、P1 口、P2 口、P3 口就是并行接口。P1 口作为输出口时,CPU 将一个数据写入 P1 口以后,数据在 P1 口上并行地同时输出到外部设备;P1 口作为输入口时,对 P1 口执行一次读操作,在 P1 口上输入的 8 位数据同时被读出。

串行通信是数据字节一位一位串行地按顺序传送,且通过串行接口实现。串行口进行数据传送的主要缺点是传送速度比并行口要慢,但它能节省传送线,特别是当数据位数很多和远距离传送时,这一优点更加突出。串行通信只需要很少几根信号线完成信号的传送,同时还必须依靠一定的通信协议(包括设备的选通、传送的启动、格式和结束)。

串行通信有两种基本的通信方式,即异步通信方式和同步通信方式。下面将分别对其进行介绍。

1. 异步通信方式

异步通信时的字符由四部分组成:起始位(占 1 位)、字符代码数据位(占 5~8 位)、奇偶校验位(占 1 位,也可以没有校验位)和停止位(占 1 或 2 位),如图 8-1 所示。

图 8-1　异步通信的格式

图 8-1 中给出的是 7 位数据位、1 位奇偶校验位和 1 位停止位,加上固定的 1 位起始位,共 10 位组成一个传送字符的格式。传送时数据的低位在前,高位在后。字符之间允许有不定长度的空闲位。起始位"0"作为联络信号,它用低电平告诉接收方开始传送,接下来的是数据位和奇偶校验位,停止位"1"标志一个字符的结束。

由图 8-1 可以看出,传送一个字符以起始位开始并以停止位结束,这就提供了区分和识别联络信号与数据信号的标志。传送开始前,收发双方要把所采用的信息格式(包括字符的数据位长度、停止位长度、有无奇偶校验位以及采用的校验方式等)和数据传输速率即波特率作统一的约定。如果要改变格式和传输速率,则要求收发双方同时改变。

传送开始后,接收设备不断检测传输线,看是否有起始位到来。当收到一系列的 1(空闲位或停止位)之后,检测到一个 0,说明起始位出现,就开始接收所规定的数据位、奇偶校验位以及停止位。经过处理将去掉停止位,把数据位拼成一个并行字节,并且经校验无误才算正确地接收到一个字符。一个字符接收完毕后,接收设备又继续测试传输线,监视 0 电平的到来(下一个字符开始),直到全部数据接收完毕。

由上述过程可以看到,异步通信是按字符传输的。每传送一个字符,就用起始位来进行收发双方的同步。若接收设备和发送设备两者的时钟频率略有偏差,也不会因偏差的积累而导致错误,另外字符间的空闲位也能使这种偏差产生错误的可能性减小。

2. 同步通信方式

对于同步通信,一帧同步信息包括由固定长度(如 100 个)的字符组成的一个数据块,其中每个字符也由 5～8 位组成,在数据块的前面置有 1～2 个同步字符,最后是校验字符,如图 8-2 所示。同步数据块中,字符与字符之间不允许留空。

图 8-2　同步通信的格式

采用两个同步字符,称双同步方式;采用一个同步字符,称单同步方式。同步字符可以由用户来约定,也可以采用 ASCII 码中规定的 SYN 代码,即 16H。同步通信时,先发送同步字符,接收方检测到同步字符后,即准备接收数据,按约定的长度拼成一个个数据字节,直到整个数据接收完毕,经校验无传送错误则结束一帧信息的传送。

同步串行通信进行数据传送时,发送和接收双方要保持完全的同步,因此要求接收和发送设备必须使用同一时钟。在近距离通信时可以采用在传输中增加一根时钟信号来解决;在远距离通信时,可以采用锁相环技术,使收方得到和发送方时钟频率完全相同的时钟信号。

同步传送的优点是有较高的传送速率(每秒可传送 56 000 b 或更高),但硬件比较复杂。

8.1.2　数据传送模式

串行通信中,数据通常是在两个站之间进行传送,按照在同一时刻数据流的传送方向可分成两种基本的传送模式,即全双工和半双工。

数据的发送和接收由两根不同的传输线完成时,通信双方可以在同一时刻进行发送和接收操作,这样的传输方式就是全双工;使用一根传输线既作发送又作接收,数据可以在两个方向上传送,但通信双方不能同时收发数据,只能单向传输数据,这就是半双工传输方式。

8.1.3　串行通信的校验

在通信过程中往往要对数据传送的正确与否进行校验。校验是保证数据准确无误传输的关键。常用的校验方法有奇偶校验、和校验及循环冗余码校验。下面分别对其进行简单介绍。

1. 奇偶校验

在发送数据时,数据位尾随的 1 位为奇偶校验位(1 或 0)。当约定为奇校验时,数据中 1 的个数与校验位 1 的个数之和应为奇数;当约定为偶校验时,数据中 1 的个数与校验位 1 的个数之和应为偶数。接收方与发送方的校验装置和方式应一致。接收字符时,对 1 的个数进行校验,若两者不一致,则说明传输数据过程中出现了差错。

2. 和校验

所谓和校验是发送方将所发数据块求和(或各字节异或),产生一个字节的校验字符(校验和)附加到数据块末尾,接收方接收数据同时对数据块(除校验字节外)求和(或各字节异或),将所得的结果与发送方的“校验和”进行比较,相符则无差错,否则即认为传送过程中出现了差错。

3. 循环冗余码校验

这种校验是对 1 个数据块校验 1 次,例如对磁盘信息的访问、ROM 或 RAM 区的完整性等校验。这种方法广泛应用于同步串行通信方式。

8.1.4　传输速率与传输距离

1. 波特率

波特率,即数据传输的速率。它表示每秒钟传送二进制代码的位数,其单位是 b/s。波特率对于 CPU 与外设的通信是很重要的一个参数。设数据的传送率是 240 字符/s,而每个字符格式包含 10 b(一个起始位、一个停止位和 8 个数据位),这时传送的波特率是:

$$10 \text{ b} \times 240 \text{ s}^{-1} = 2\,400 \text{ b/s}$$

每一位码传送时间 t_d 为波特率的倒数,即:

$$t_d = \frac{1 \text{ b}}{2\,400 \text{ b/s}} = 0.4165 \text{ ms}$$

波特率是衡量传输通信频宽的指标,它和传送数据的速率并不一致。如上例中,因为除掉起始位和终止位,每一个数据实际只占 8 b。所以数据的传送速率为:

$$8 \text{ b} \times 240 \text{ s}^{-1} = 1\,920 \text{ b/s}$$

异步通信的传输速率在 50 b/s～19 200 b/s 之间。常用于计算机到终端机和打印机之间的通信、电报以及无线电通信的数据发送等。

2. 传输距离与传输速率的关系

串行接口或终端直接传送串行信息位流的最大距离(当然,要求波形不发生畸变)与传输速率及传输线的电气特性有关。当传输线使用每 0.3 m 有 50 pF 电容的非平衡屏蔽双纹线时,传输距离是随传输速率增加而减小的。当波特率超过 1 000 b/s 时,最大传输距离迅速下降,如 9 600 b/s 时最大距离下降到只有 76 m。

8.2　MCS-51单片机的串行口

8.2.1　串行口的结构

MCS-51 系列单片机有一个可编程的全双工串行通信接口,它可作为 UART,也可作同步移位寄存器。其帧格式可为 8 位、10 位或 11 位,并可以设置各种不同的波特率。通过引脚 RXD(P3.0,串行数据接收端)和引脚 TXD(P3.1,串行数据发送端)与外界进行通信。其内部简化结构示意图如图 8-3 所示。

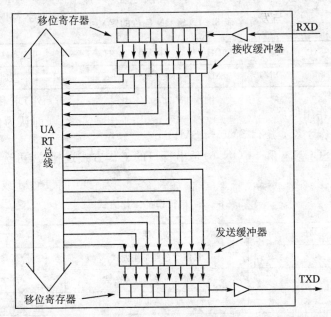

图 8-3　UART 硬件结构图

图 8-3 中有两个物理上独立的接收、发送缓冲器 SBUF,它们占用同一个地址 99H,可同时发送和接收数据。发送缓冲器只能写入,不能读出;接收缓冲器只能读出,不能写入。

串行发送与接收的速率与移位时钟同步,定时器 T1 作为串行通信的波特率发生器,T1 溢出率经 2 分频(或不分频)又经 16 分频作为串行发送或接收的移位时钟。移位时钟的速率即波特率。

从图 8-3 中可看出,接收器是双缓冲结构,在前一个字节被从接收缓冲器读出之前,第二个字节即开始被接收(串行输入至移位寄存器),但是在第二个字节接收完毕而前一个字节 CPU 未读取时,会丢失前一个字节的内容。串行口的发送和接收都是以特殊功能寄存器 SBUF 的名义进行读或写的,当向 SBUF 发写命令时(执行"MOV SBUF,A"指令),即向发送缓冲器 SBUF 装载并开始由 TXD 引脚向外发送一帧数据,发送完毕则使发送中断标志 T1=1。在串行口接收中断标志 RI(SCON.0)=0 的条件下,置允许接收位 REN(SCON.4)=1 就会启动接收,一帧数据进入输入移位寄存器,并装载到接收 SBUF 中,同时使 RI=1。当执行读 SBUF 的命令时(执行"MOV A,SBUF"指令),即由接收缓冲器 SBUF 取出信息通过内部总线送至 CPU。

对于发送缓冲器，因为发送时 CPU 是主动的，所以不会产生重叠错误。

8.2.2 串行口的控制寄存器

单片机串行口是可编程接口，对它初始化编程只需将两个控制字符分别写入串行口控制寄存器 SCON(98H)和电源控制寄存器 PCON(97H)即可。对这两种寄存器分别介绍如下。

1. 串行口控制寄存器 SCON

串行口控制寄存器 SCON 是一个特殊功能寄存器，用以设定串行口的工作方式、接收/发送控制以及设置状态标志。字节地址为 98H，可位寻址，其各位格式如表 8-1 所列。

表 8-1 SCON 各位的定义

位地址	9FH	9EH	9DH	9CH	9BH	9AH	99H	98H
位标志	SM0	SM1	SM2	REN	TB8	RB8	TI	RI

其各位名称及作用如下。

（1）串行口工作方式选择位 SM0 和 SM1

SM0 和 SM1(SCON.7 和 SCON.6)是串行口的工作方式选择位，可选择四种工作方式，如表 8-2 所列。

表 8-2 串行口的工作方式

SM0	SM1	方 式	说 明	波特率
0	0	0	移位寄存器工作方式	$f_{osc}/12$
0	1	1	8 位数据的异步收发方式	可变
1	0	2	9 位数据的异步收发方式	$f_{osc}/64$ 或 $f_{osc}/32$
1	1	3	9 位数据的异步收发方式	可变

（2）多机通信控制位 SM2

SM2(SCON.5)主要用于方式 2 和方式 3。若 SM2=1，则允许多机通信。多机通信协议规定，第九位数据（D8）为 1，说明本帧数据为地址帧；若第九位数据为 0，则本帧为数据帧。当一个主机与多个从机通信时，所有从机的 SM2 位都置 1，主机首先发一帧数据为地址，即某从机号，其中第九位数据为 1，被寻址的某个从机接收到数据后，将其中的第九位数据装入 RB8。从机依据收到的第九位数据（RB8）中的值来决定从机可否再接收主机的信息，若(RB8)=0，说明是数据帧，则使接收中断标志位 RI=0，信息丢失；若(RB8)=1，说明是地址帧，数据装入 SBUF 并置 RI=1，中断所有从机，被寻址的目标从机清除 SM2 以接收主机发来的一帧数据，其他从机的 SM2 仍保持 1。

若 SM2=0，则不属于多机通信，接收到一帧数据后，无论第九位数据是 0 还是 1，都置 RI=1，并把接收到数据装入 SBUF 中。

在方式 1 时，若 SM2=1，则只有接收到有效停止位时，RI 才置 1，以便接收下一帧数据。在方式 0 时，SM2 必须是 0。

（3）串行口允许接收位 REN

REN(SCON.4)为允许串行接收位。若软件置 REN=1,则启动串行口接收数据;若软件置 REN=0,则禁止接收。

（4）发送第九位数据位 TB8

TB8(SCON.3)在方式 2 或方式 3 中是发送数据的第九位,可以用软件规定其作用,可以用作数据的奇偶校验位,或在多机通信中作为地址帧/数据帧的标志位;在方式 0 和方式 1 中,该位未用。

（5）接收第九位数据位 RB8

RB8(SCON.2)在方式 2 或方式 3 中是接收到数据的第九位,作为奇偶校验位或地址帧/数据帧的标志位;在方式 1 时,若 SM2=0,则 RB8 是接收到数据的停止位。

（6）发送中断标志位 TI

TI(SCON.1)为发送中断标志位。在方式 0 当串行发送第 8 位数据结束时,或在其他方式当串行发送停止位的开始时,由内部硬件使 TI 置 1,向 CPU 发中断申请,而在中断服务程序中,必须用软件将其清 0,取消此中断申请。

（7）接收中断标志位 RI

RI(SCON.0)为接收中断标志位。在方式 0 当串行接收第 8 位数据结束时,或在其他方式当串行接收停止位的中间时,由内部硬件使 RI 置 1,向 CPU 发中断申请,而在中断服务程序中,也必须用软件将其清 0,取消此中断申请。

2. 电源控制寄存器 PCON

在电源控制寄存器 PCON(87H)中只有一位 SMOD 与串行口工作有关,其各位格式如表 8-3 所列。

表 8-3　电源控制寄存器 PCON 的格式

位 序	D7	D6	D5	D4	D3	D2	D1	D0
位符号	SMOD	—	—	—	GF1	GF0	PD	IDL

SMOD(PCON.7)为波特率增位。在串行口方式 1、方式 2、方式 3 中,波特率与 SMOD 有关,当 SMOD=1 时,波特率提高一倍;复位时,SMOD=0。

8.2.3　串行口的工作方式

MCS-51 串行口可设置四种工作方式,由 SCON 中的 SM0 和 SM1 两位进行定义。对其分别介绍如下。

1. 方式 0

方式 0 是同步移位寄存器输入/输出方式,用以扩展 I/O 接口。8 位串行数据的输入或输出都是通过 RXD 端,而 TXD 端用于输出移位脉冲。波特率固定为 $f_{osc}/12$。

（1）方式 0 输出

方式 0 输出时,串行口可以外接串行输入并行输出的移位寄存器,如 74LS164、CD4094 等,其接口逻辑如图 8-4 所示,TXD 端输出的移位脉冲将 RXD 端输出的数据(低位在先)逐位移入 74LS164 或 CD4094。

CPU 对发送数据缓冲器 SBUF 写入一个数据,就启动了串行口的发送过程。在 S6P2 状

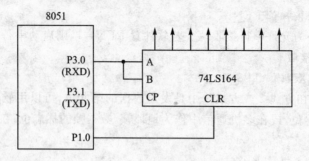

图 8 - 4　方式 0 发送电路

态把 1 写入输出移位寄存器的第九位,发送控制电路开始发送,内部的定时逻辑在 SBUF 写入数据之后,经过一个完整的机器周期,输出移位寄存器中输出位的内容送 RXD 端输出,移位脉冲由 TXD 端输出,它使 RXD 端输出的数据移入外部移位寄存器。TXD 端在每个机器周期的 S3、S4、S5 期间为低电平,S6、S1、S2 期间为高电平,每个机器周期的 S6P2 使内部输出移位寄存器右移一位,左边移入 0。当数据的最高位 D7 移至输出移位寄存器的输出位时,则数据字节最高位(MSB)的左边最近一位为 1(原写入的第九位),左边其余位为 0。当检测到这个条件时,标志着控制逻辑在进行最后一个移位,中断标志 TI 自动置 1,于是完成一个字节的输出。如要再发送,必须用软件先将 TI 清 0。

(2) 方式 0 输入

方式 0 输入时,串行口外接并行输入串行输出的移位寄存器,如 74LS165。其接口逻辑如图 8-5 所示。

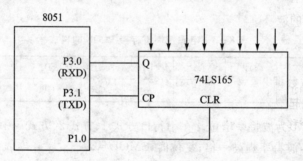

图 8 - 5　方式 0 接收电路

当 REN=1、RI=0 时,就启动串行口接收,在下个机器周期的 S6P2 将 1111 1110B 写入内部输入移位寄存器,移位脉冲由 TXD 端输出,它在每个机器周期的 S3P1 和 S6P2 发生跳变,使外部移位寄存器移位,输入移位寄存器在每个机器周期的 S6P2 左移一位,右边移入的值是在 S6P2 期间采样到的 RXD 上的输入值。当原来写入的 1111 1110B 中的 0 移到最左边的一位时,标志着下面为最后一次移位,在最后一次移位结束时,由硬件将输入移位寄存器中的内容写入 SBUF,TXD 端停止输出脉冲,中断标志 RI 自动置 1,于是完成 8 位数据的输入。如要再接收,必须用软件将 RI 清 0。

2. 方式 1

串行口定义方式 1 时,它是一个 8 位异步通信口。TXD 为数据发送端,RXD 为数据接收端,其中一帧数据分为 10 位:1 位起始位,8 位数据位和 1 位停止位。方式 1 的波特率是根据定时器 T1 的溢出率确定的。

（1）方式 1 输出

CPU 执行一条写 SBUF 指令就可以启动串行口的发送过程。在发送移位时钟（由波特率确定）的同步下，从 TXD 端先送出起始位，然后是 8 位数据，最后是停止位，一帧 10 位数据发送完后，将中断标志 TI 置 1。

（2）方式 1 输入

软件使 REN 为 1 时启动接收过程。接收器以所选波特率的 16 倍速率采样 RXD 端电平，检测到 RXD 端输入电平发生负跳变时（起始位），内部 16 分频计数器复位，并将 1FFH 写入输入移位寄存器。计数器的 16 个状态把传送一位数据的时间 16 等分，在每个时间的 7、8、9 这三个计数状态位检测器采样 RXD 端电平，接收的值是三次采样中至少有两次相同的值，这样可以防止外界的干扰。如果在第一位时间内接收到的值不为 0，则复位接收电路，重新搜索 RXD 端输入电平的负跳变；若接收到的值为 0，则说明起始位有效，将其移入输入移位寄存器，并开始接收这一帧数据的其余部分信息，接收过程中，数据从输入移位寄存器右边移入，1 从左边移出，起始位移至输入移位寄存器最左边时，控制电路进行最后一个移位。当 RI＝0，且 SM2＝0（或接收到的停止位为 1）时，将接收到的 9 位数据的前 8 位数据装入接收 SBUF，第 9 位（停止位）进入 RB8，并置 RI＝1，向 CPU 请求中断。

3. 方式 2 和方式 3

串行口工作于方式 2 或方式 3 时，实际上是一个 9 位的异步通信接口。TXD 为数据发送端，RXD 为数据接收端，其中一帧数据分为 11 位：1 位起始位、8 位数据、1 位附加的第 9 位（发送时为 SCON 中的 TB8，接收时为 RB8）和 1 位停止位。方式 2 的波特率固定为晶振频率的 1/64 或 1/32，方式 3 的波特率由定时器 T1 的溢出率确定。

（1）方式 2 和方式 3 输出

当 CPU 向发送 SBUF 写入一个数据时，串行口发送过程就启动了。TB8 写入输出移位寄存器的第 9 位，8 位数据装入 SBUF。

发送开始时，先把起始位 0 输出到 TXD 端，经一位时间后，发送移位寄存器的输出位（D0）到 TXD 端。之后，每一个移位脉冲都使输出移位寄存器的各位右移一位，并由 TXD 端输出。

第一次移位时，停止位 1 移入输出移位寄存器的第九位上，以后每次移位，左边都移入 0。当停止位移至输出位时，左边其余位全为 0。当检测电路检测到这一条件时，控制电路将进行最后一个移位，并置 TI＝1，向 CPU 请求中断。

（2）方式 2 和方式 3 输入

软件使接收允许位 REN 为 1 后，接收器就以所选频率的 16 倍速率开始采样 RXD 端的电平状态，当检测到 RXD 端发送负跳变时（起始位），内部 16 分频计数器复位，并将 1FFH 写入输入移位寄存器，计数器的 16 个状态把传送一位数据的时间分为 16 等分，在每个时间的 7、8、9 这三个计数状态位检测器采样 RXD 端电平，接收到的值是三次采样中至少两次相同的值，如果第一位时间接收到的值为 0，说明起始为有效，将其移入输入移位寄存器，开始接收这一帧数据。接收时，数据从右边移入输入移位寄存器，1 从左边移出，在起始位 0 移到最左边时，控制电路进行最后一次移位。当 RI＝0，且 SM2＝0（或接收到的第 9 位数据位 1）时，接收到的数据装入接收 SBUF 和 RB8（接收数据的第 9 位），置 RI＝1，向 CPU 请求中断。如果条件不满足，则数据丢失，且不置位 RI，一位时间后继续搜索 RXD 端的负跳变。

8.2.4　波特率的计算

在串行通信中,收发双方对发送或接收的数据速率要有一定的约定。通过软件可对单片机的串行口编程可设定四种工作方式,其中方式 0 和方式 2 的波特率是固定的,而方式 1 和方式 3 的波特率是可变的,由定时器 T1 的溢出率来决定。

串行口的四种工作方式对应三种波特率。由于输入的移位时钟的来源不同,所以,各种方式的波特率计算公式也不相同。

方式 0 的波特率 $= f_{osc}/12$

方式 2 的波特率 $= (2^{SMOD} \cdot f_{osc})/64$

方式 1、3 的波特率 $= (2^{SMOD}/32) \cdot (T1\,溢出率)$

当 T1 作为波特率发生器时,最典型的用法是使 T1 工作在自动再装入的 8 位定时器的方式(即方式 2,且 TCON 的 TR1＝1,以启动定时器)中。这时溢出率 n 取决于 TH1 中的计数值,即

$$n = \frac{f_{osc}}{12 \times (2^8 - TH1)}$$

使用单片机的串行口时,常用的晶振频率为:6 MHz、12 MHz 和 11.0592 MHz,所以选用的波特率也相对固定。在使用串行口之前,应对它进行编程初始化,主要是设置产生波特率的定时器 1、串行口控制和中断控制。其具体步骤如下:

① 确定定时器 1 的工作方式(编程 TMOD 寄存器);

② 计算定时器 1 的初值,装载 TH1、TL1;

③ 启动定时器 1(编程 TCON 中的 TR1 位);

④ 确定串行口控制(编程 SCON 寄存器);

⑤ 串行口在中断方式工作时,须开 CPU 的中断源(编程 IE、IP 寄存器)。

8.3　串行通信应用

8.3.1　方式 0 的编程与应用

51 单片机串行口方式 0 是同步移位寄存器方式。应用方式 0 可以扩展并行 I/O 口,比如在键盘和显示器接口中,外扩串行输入和并行输出的移位寄存器(如 74LS164),每扩展一片移位寄存器可扩展一个 8 位并行输出口,可以用来连接一个 LED 显示器作静态显示或用作键盘中的 8 根列线使用。

例 8-1　使用 74LS164 的并行输出端接 8 只发光二极管,利用它的串入并出功能,把发光二极管从左向右依次点亮,并不断循环之。电路连接图如图 8-4 所示。

解　实现该要求的主要程序如下:

MOV	SCON,♯00H	;设串行口为方式 0,同步移位寄存器方式
CLR	ES	;禁止串行口中断
MOV	A,♯80H	;先显示最左边发光二极管

LED:	MOV	SBUF,A	;串行输出
	JNB	TI,$	;输出等待
	CLR	TI	
	ACALL	DELAY	;轮显间隔
	RR	A	;发光右移
	AJMP	LED	;循环

8.3.2　方式 1 的编程与应用

例 8-2　试编写双机通信程序。甲、乙双机均为串行口方式 1,并以定时器 T1 的方式 2 为波特率发生器,波特率为 2 400 b/s。

解　波特率的计算:这里使用 6 MHz 晶振,以定时器 T1 的方式 2 制定波特率。此时定时器 T1 相当于一个 8 位的计数器。

设 x 为中断服务程序的机器周期数,在中断服务程序中重新对定时器置数。

	CLR	TR1	;1 个机器周期
	MOV	TL1,#0F3H	;2 个机器周期
	MOV	TH1,#0F3H	;2 个机器周期
	SETB	TR1	;1 个机器周期

从主程序转入中断服务程序 3 个机器周期,因此 x 为 9 个机器周期。

① 甲机发送

将以片内 RAM 的 78H 及 77H 的内容为首地址,数据块内容以 76H 及 75H 的内容减 1 为末地址数据块内容,通过串行口传至乙机。

例

	(78H)=20H	;首地址高位
	(77H)=00H	
	(76H)=20H	;末地址高位
	(75H)=20H	

即要求程序将片外 RAM 的 2000H~201FH 中的内容输出到串行口。

	ORG	0000H	
	SJMP	TRANS	
	ORG	001BH	;定时器 T1 中断入口
	AJMP	T1INT	
	ORG	0023H	;串行口中断入口
	AJMP	SINT	
	ORG	0030H	
TRANS:	MOV	TMOD,#20H	;置定时器/计数器 T1 为定时方式 2
	MOV	TL1,#0F3H	;置 T1 定时常数
	MOV	TH1,#0F3H	
	SETB	EA	;允许中断
	CLR	ES	;关串行口中断

	SETB	ET1	;允许定时器 T1 中断
	SERB	TR1	;启动定时器 TI
	CLR	TI	;清发送中断
	MOV	SCON,♯40H	;置串行口方式 1
	MOV	SBUF,78H	;输出高位地址
WAIT1：	JNB	TI,WAIT1	;查询等待发送结束
	CLR	TI	
	MOV	SBUF,77H	
WAIT2：	JNB	TI,WAIT2	;查询等待发送结束
	CLR	TI	
	MOV	SBUF,76H	;输出末位地址
WAIT3：	JNB	TI,WAIT3	
	CLR	TI	
	MOV	SBUF,75H	
WAIT3：	JNB	TI,WAIT3	
	CLR	TI	
	MOV	SBUF,75H	
WAIT4：	JNB	TI,WAIT4	
	CLR	TI	
	SETB	ES	;允许串行口中断
	SJMP	$	;中断等待
	ORG	0100H	
TINT：	CLR	TR1	;关定时器 T1
	MOV	TL1,♯0F3H	;重置定时常数
	MOV	TH1,♯0F3H	
	SETB	TR1	;重开定时器 T1
	RETI		;定时器 T1 中断返回
	ORG	0200H	
SINT：	PUSH	DPL	;保护现场
	PUSH	ACC	
	MOV	DPH,78H	
	MOV	DPL,77H	
	MOVX	A,@DPTR	
	CLR	TI	
	MOV	SBUF,A	;输出数据块中数据
	MOV	A,DPH	
	CJNZ	A,76H,END1	;结束否
	MOV	A,DPL	
	CJNZ	A,75H,END1	
	CLR	ES	;结束,关串行口中断
	CLR	ETI	;关 T1 中断
	CLR	TRI	

ESCOM：	POP	ACC	;恢复现场
	POP	DPH	
	POP	DPL	
	RETI		
END1：	INC	77H	;首地址加 1
	MOV	A,77H	
	JNZ	END2	
	INC	78H	
END2：	SJMP	ESCOM	

② 乙机接收

乙机通过 TXD 引脚接收甲机发来的数据,接受波特率与甲机一样。接收的第一、二字节是数据块的首地址,第三、四字节是数据块的末地址减 1,第五字节开始是数据,接收到的数据依次存入数据块首地址开始的存储器中。

	ORG	0000H	
	SJMP	RECEIVE	;乙机接收
	ORG	001BH	
	AJMP	RT1INT	;定时器/计数器 T1 中断入口
	ORG	0023H	
	AJMP	RSINT	;串行口中断入口
	ORG	0030H	
RECEIVE：	MOV	TMOD,#20H	;设定时器/计数器 T1 为定时方式 2
	MOV	TL1,#0F3H	;置 T1 定时常数
	MOV	TH1,#0F3H	
	SETB	EA	;允许中断
	CLR	ES	;关串行口中断
	SERB	TR1	;启动定时器 T1
	CLR	TI	;清发送中断
	SETB	ET1	;允许定时器 T1 中断
	SETB	TR1	;启动定时器 T1
	MOV	SCON,#50H	;置串行口方式 1、接收
	CLR	20H	;置地址标志
	MOV	70H,78H	
	SJMP	$	
	ORG	0100H	
RT1INT：	CLR	TR1	;关定时器 T1
	MOV	TL1,#0F3H	;重置定时常数
	MOV	TH1,#0F3H	
	SETB	TR1	;重开定时器 T1
	RETI		;定时器 T1 中断返回
	ORG	0200H	

RSINT:	PUSH	DPL	;保护现场
	PUSH	DPH	
	PUSH	ACC	
	MOV	A,R0	
	PUSH	ACC	
	JB	20H,DATA	;判别接收的是地址还是数据
	MOV	R0,70H	
	MOV	A,SBUF	
	MOVX	@R0,A	
	DEC	70H	
	CLR	RI	
	MOV	A,#74H	
	CJNE	A,70H,RETURN	;是地址,转结束
	SETB	20H	;地址已接收完,置接收数据标志
	POP	ACC	;恢复现场
	MOV	R0,A	
	POP	ACC	
	POP	DPH	
	POP	DPL	
RETURN:	RETI		
DATA:	MOV	DPH,78H	;接收数据
	MOV	DPL,77H	
	MOV	A,SBUF	
	MOVX	@DPTR,A	;将数据送入片外 RAM
	CLR	RI	
	INC	77H	;地址加 1
	MOV	A,77H	
	JNZ	DATA1	
	INC	78H	
DATA1:	MOV	A,75H	
	CJNZ	A,78H,RETURN	
	MOV	A,75H	
	CJNZ	A,77H,RETURN	
	CLR	ES	;结束,关所有中断
	CLR	ETI	;关 T1 中断
	CLR	TI	
	AJMP	RETURN	

8.3.3　方式 2 和方式 3 的编程与应用

方式 2 接收/发送的一帧信息是 11 位:第 0 位起始位;第 1～8 位数据位;第 9 位是程控位,可由用户置 TB8 决定;第 10 位是停止位。

方式 2 的波特率为:波特率=振荡器频率/n,其中,当 SMOD=0 时,n=64;当 SMOD=1

时,$n=32$。

方式 3 和方式 2 基本一样,仅波特率设置不同。

例 8 - 3 试编写串行接口以工作方式 2 发送数据的中断服务程序。

解 工作方式 2 发送的一帧信息为 11 位。在串行数据传送时,设工作寄存器区 2 的 R0 作为发送数据区的地址指示器。因此,在编写中断服务程序时,除了保护和恢复现场外,还涉及寄存器工作区的切换、奇偶校验位的传送、发送数据区地址指示器的加 1 以及清除 SCON 寄存器中的发送中断请求 TI 位。

其程序设计如下:

```
        ORG     0023H
        SJMP    SPINT           ;乙机接收
SPINT:  CLR     EA              ;关中断
        PUSH    PSW             ;保护现场
        PUSH    ACC
        SETB    EA              ;开中断
        SETB    PSW.4           ;切换寄存器工作组
        CLR     TI              ;清除发送中断请求标志
        MOV     A,@R0           ;取数据,置奇偶标志
        MOV     C,P             ;奇偶标志位 P 送 TB8
        MOV     TB8,C
        MOV     SBUF,A          ;数据写入发送缓冲器,启动发送
        INC     R0              ;数据地址指针加 1
        CLR     EA              ;恢复现场
        POP     ACC
        POP     PSW
        SETB    EA
        CLR     PSW.4           ;切换寄存器工作组
        RETI
```

8.4 并/串行数据转换实例设计

8.4.1 设计要求

设置 AT89C51 单片机的串行口工作在方式 0,接收从 74LS165 输出的数据,并将数据送至 P2 口的发光二极管显示。

8.4.2 硬件设计

在运行 Proteus ISIS 的执行程序后,进入 Proteus ISIS 编辑环境,按表 8 - 4 所示的元件清单添加元件。

表 8 - 4　元件清单

元件名称	所属类	所属子类
AT89C51	Microprocessor ICs	8051 Family
RES	Resistors	Generic
LED – YELLOW	Optoelectronics	LEDs
74LS165	TTL 74LS series	Registers
DIPSWC_8	Switches & Relays	Switches

元件全部添加后，在 Proteus ISIS 的编辑区按图 8 - 6 所示的电路原理图连接硬件电路。

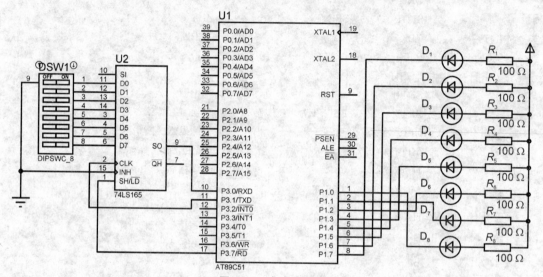

图 8 - 6　电路原理图

8.4.3　程序设计

该设计系统的参考程序如下：

```
        ORG     0000H
        LJMP    MAIN
        ORG     0023H           ;串行通信中断入口地址
        LJMP    RXD
        ORG     0030H
MAIN:   MOV     SCON,#10H        ;允许串行口方式 0 接收数据
        SETB    EA              ;开中断
        SETB    ES              ;允许串行口中断
        CLR     P3.7            ;发送移位脉冲
        SETB    P3.7
        SJMP    $               ;等待中断
RXD:    MOV     A,SBUF          ;读取数据
        CLR     RI              ;清除接收中断标志
        MOV     P1,A            ;接收到的数据送 P1 口显示
```

```
        ACALL           DELAY
        CLR             P3.7                ;再次发送移位脉冲
        SETB            P3.7
        RETI
DELAY:  MOV             R4,#0FFH
DELAY_1: MOV            R5,#0FFH
DELAY_2: NOP
        NOP
        DJNZ            R5,DELAY_2
        DJNZ            R4,DELAY_1
        RET
        END
```

8.4.4 调试与仿真

该设计的调试与仿真步骤如下：

① 打开 Keil μVision3，新建 Keil 项目。

② 选择 CPU 类型，此例中选择 ATMEL 的 AT89C51 单片机。

③ 新建汇编源文件（ASM 文件），编写程序，并保存。

④ 在 Project Workspace 子窗口中，将新建的 ASM 文件添加到 Source Group 1 中。

⑤ 在 Project Workspace 子窗口中的 Target 1 文件夹上右击，在弹出的快捷菜单中选择 Option for Target'Target 1'，则弹出 Options for Target 对话框，选择 Output 选项卡，在此选项卡中选中 Create HEX File 复选框。

⑥ 选择 Project→Build Target 编译程序。

⑦ 在 Proteus ISIS 中，将产生的 HEX 文件加入 AT89C51，并仿真电路，通过拨动开关观察发光二极管的显示，如图 8-7 所示。

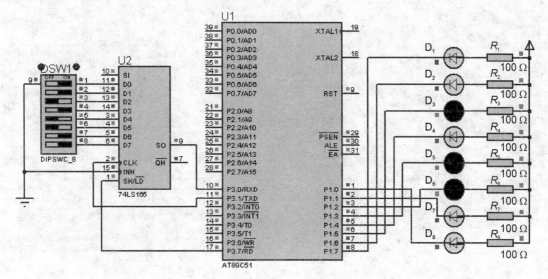

图 8-7 系统仿真图

习　题

1. 什么叫波特率和溢出率？如何计算和设置 80C51 串行通信的波特率？

2. 某异步通信接口，其帧格式由一个起始位、7 个数据位、一个奇偶校验位和一位停止位组成，当该口每分钟传送 1 800 个字符时，计算其传送波特率。

3. 简述串行通信接口芯片 UART 的主要功能。

4. 假定异步通信的字符格式为一个起始位、8 个数据位、两个停止位以及一位奇偶校验位，请画出传送 ASCII 字符"A"的格式。

5. 80C51 单片微机串行口共有哪几种工作方式？各有什么特点和功能？

6. 以 80C51 串行口按工作方式 3 进行串行数据通信。假定波特率为 1 200 b/s，第 9 数据位作奇偶校验位，以中断方式传送数据，请编写通信程序。

7. 简述单片微机多机通信的原理。

8. 串行通信的总线标准是什么？有哪些内容？

9. 某应用系统由 5 台 80C51 单片微机构成主从式多机系统，请画出硬件连接示意图，并简述其系统工作原理。

10. 以 80C51 串行口按工作方式 1 进行串行数据通信。假定波特率为 1 200 b/s，以中断方式传送数据，请编写全双工通信程序。

第9章 单片机接口及系统扩展

单片机的芯片内集成了计算机的基本功能部件,因此智能仪表、仪器、小型检测及控制系统可直接应用单片机而不必再扩展外围芯片,使用非常方便。但是对于一些较大的应用系统,单片机片内的资源就略显不够,这时就必须在其外围扩展一些芯片,适应特定应用的需要。

而在某些单片机应用系统中,通常都需要有人机对话功能。例如人对应用系统的状态干预和数据的输入等。因此,例如键盘和显示器等外设输入/输出设备常常是单片机系统的重要组成部分。

本章将主要介绍 MCS-51 系列单片机接口及系统扩展技术,还将介绍一些常用外围接口芯片的原理和编程方法。

9.1 存储器的扩展

9.1.1 MCS-51 单片机系统总线

单片机系统扩展通常采用总线结构形式,整个扩展系统以单片机为核心器件,通过系统总线把各个扩展部件联系起来,扩展内容主要包括 EPROM、RAM、I/O 接口电路和其他数据转换接口电路等。因为扩展是在单片机芯片之外进行的,因此通常把扩展的程序存储器称为外部程序存储器,而把扩展的数据存储器称为外部数据存储器。

单片机系统往往采用三总线结构。按其功能通常把系统总线分为三类,即地址总线、数据总线和控制总线。下面分别对其进行介绍。

1. 地址总线(Address Bus)

地址总线主要用于传送单片机送出的地址信号,以便对外部的存储器单元或 I/O 端口进行操作。地址总线是单向传送的,只能由单片机向外发送。在 MCS-51 单片机系统中,地址总线通常由 P0 口和 P2 口构成。地址总线的数量取决于外部要访问的存储器的容量,例如,对于 n 根地址线就可以实现对 2^n 个单元进行连续编码,即可以对 2^n 个存储单元进行访问,MCS-51 单片机的地址线最多为 16 根,因此外部存储器最多可以扩展 64 KB 个单元。

2. 数据总线(Data Bus)

数据总线是用于在单片机与外部存储器之间或单片机与 I/O 端口之间传送数据的通道。单片机系统数据总线通常由 P0 来构成,总线的位数与单片机的字长是一致的。例如 MCS-51 单片机是 8 位字长,所以它的数据总线的位数也是 8 位的。数据总线是双向的,即它可以进行两个方向的数据传送。

3. 控制总线(Control Bus)

控制总线实际上是一组控制信号线,它包括单片机发出的以及外部设备传输给单片机的信号线。对某一条控制信号线而言,它是单方向传送的,但是由不同方向的控制信号线组合成的控制总线则表现为双向传送性。

系统扩展用的控制线有 ALE、$\overline{EA}$、$\overline{PSEN}$、$\overline{RD}$和$\overline{WR}$。

9.1.2 程序存储器的扩展

1. 程序存储器概述

程序存储器又称为只读存储器 ROM(read only memory),它表示信息一旦写入芯片就不能随意更改,在程序运行时只能读出不能写入,即使掉电存储器芯片中的信息也不会丢失。程序存储器常见的类型有如下 4 种。

(1) 掩膜 ROM

其编程工作是由 ROM 制造厂家来完成的,即它是由 ROM 芯片的生产厂家通过掩膜工艺来实现编程的。在大批量生产单片机应用系统的情况下,采用 ROM 芯片有利于降低成本。

(2) 一次性可编程 PROM

这种芯片的编程可由用户借助仿真机来进行,但只能进行一次性写入操作,一旦写入错误,芯片是不能再修改的。因此这种芯片使用起来很不方便。

(3) 可重复擦写的 EPROM

这种芯片的编程可由用户多次重复进行,克服了只能进行一次性写操作的缺点,因此是目前应用较广泛的一种芯片。它的缺点是相对不同的 EPROM 型号要求给出不同的写入电压,另外它要由紫外线才能对其进行擦除。在芯片的中央有一个小窗口,通过对这个窗口照射紫外线就可以擦除原有信息。所以程序写好后要用不透明的标签贴封这个窗口,以避免因阳光中的紫外线的照射而破坏芯片中的程序。因此使用起来也显得还是不能尽如人意。

(4) 电擦除可读写的 E^2PROM

这种芯片在 5 V 工作电压下即可实现对芯片内程序的写入或擦除,故它既可作为程序存储器使用,又可作为数据存储器使用,所以愈来愈受到人们的关注。它的主要缺点是价格较贵、写入速度较慢。

2. 常用程序存储器介绍

(1) EPROM

① 型号及引脚

常用 EPROM 的芯片的型号有:2716(2 KB)、2732(4 KB)、2764(8 KB)、27128(16 KB)、27256(32 KB)和 27512(64 KB)。在读方式时它们都采用单一的+5 V 电源供电,双列直插式封装。图 9-1 给出了常用的 EPROM 芯片 27128(16 KB)的引脚图。

该型号芯片的各引脚功能如下。

● A0~A13:地址输入线,27128 共有 14 根地址线,可支持 2^{14} B 的寻址空间,即存储容量达到 16 KB。

● D0~D7:三态数据输入/输出端,读时为输出线,编程时为输入线,禁止时为高阻。

● $\overline{CE}$:片选端,低电平有效。

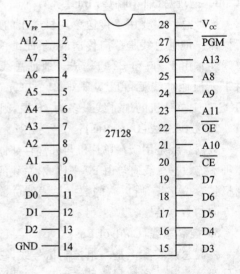

图 9-1 27128 引脚图

- $\overline{OE}$:输出允许端。
- $\overline{PGM}$:编程脉冲输入端。
- V_{PP}:编程电压输入端,不同型号的 EPROM 所加电压值不同。
- V_{CC}:电源端。
- GND:接地端。

② 工作方式

27128 共有五种工作方式,具体如下。

a. 读方式:一般系统中的 EPROM 都工作在这种工作方式下,进入这种工作方式的条件是使片选控制线和输出允许控制均处于有效状态。

b. 维持方式:当片选控制信号为高电平(无效状态)时,芯片进入维持方式,这时输出处于高阻抗的悬浮状态,不占用系统数据线。

c. 编程方式:此时需在编程电压输入端 V_{PP} 加上符合规定的电压,在 $\overline{PGM}$ 端输入编程脉冲,于是就可将程序写入到 EPROM 中。

d. 编程校核方式:在编程电压输入端 V_{PP} 加上符合规定的电压,再从芯片中读出已编程固化好的内容,并将其与刚才写入的内容进行比较,用来判断写入的内容是否正确。

e. 编程禁止方式:此时芯片的片选及输出允许端均处于无效状态,输出呈现高阻态。

(2) $E^2 PROM$

$E^2 PROM$ 是电擦除、可编程的半导体存储器。在 +5 V 电压下可进行读写操作,对编程脉冲宽度一般没有特殊的要求,也不需要专门的擦除器(如紫外线灯),所以 $E^2 PROM$ 实际上是一种特殊的可读可写的存储器,它既可作程序存储器使用,也可作数据存储器使用。

把程序存储器 $E^2 PROM$ 连在单片机系统总线上就可以进行在线改写。即使突然掉电,$E^2 PROM$ 中的内容也不会丢失。

① 型号及引脚

常用 $E^2 PROM$ 芯片型号有:2817A(2 KB)和 2864A(8 KB)。它们都采用单一的 +5 V 电源供电,双列直插式封装。其中 2817A 的引脚如图 9-2 所示。

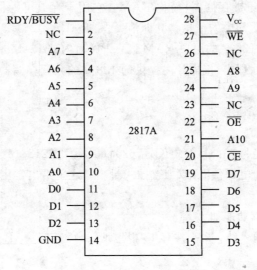

图 9-2　2817A 引脚图

该型号芯片的各引脚功能如下。

● A0～A10:地址输入线,2817A 共有 11 根地址线,可支持 2^{11} B 的寻址空间,即存储容量达到 2 KB。

● D0～D7:三态数据输入/输出端。

● $\overline{CE}$:片选端,低电平有效。

● $\overline{OE}$:读选通信号输入端,低电平有效。

● $\overline{WE}$:写选通信号输入端,低电平有效。

RDY/$\overline{BUSY}$:擦/写完毕联络信号端,在擦/写操作期间,此脚为低电平,当擦/写完毕时,此脚为高电平。

● V_{CC}:电源端。

● GND:接地端。

② 工作方式

2817A 共有三种工作方式,具体如下。

a. 读方式:一般系统中的 E^2PROM 都工作在这种工作方式下,进入这种工作方式的条件是使片选控制端$\overline{CE}$和读选通信号输入端$\overline{OE}$均处于有效状态,内部数据缓冲器被打开,此时可对 E^2PROM 进行读操作。

b. 写方式:当 2817A 接收到从 CPU 发来的地址/数据和写控制信号后,便启动内部电路对该地址单元进行写操作,此时 RDY/$\overline{BUSY}$输出低电平;大约 16 ms 后写操作完成,即一个字节写操作完成,此时 RDY/$\overline{BUSY}$输出高电平,2817A 在写入一个字节之前会自动地擦除该单元的内容。

c. 维持方式:当片选控制端$\overline{CE}$为高电平(无效状态)时,2817A 进入低功耗的维持方式,这时输出端处于高阻抗的悬浮状态,E^2PROM 芯片的电流从 140 mA 降至维持电流 60 mA。

9.1.3　数据存储器的扩展

1. 数据存储器概述

数据存储器又称为随机存储器,简称 RAM。它用于存放可随机读/写的数据,与程序存储器最大的区别是掉电后其中的信息将立即消失。

8031 单片机内部有 128 B 的用户 RAM 区,CPU 对内部 RAM 有丰富的操作指令。但是在用于实时数据采集和处理中,仅靠片内提供的 128 B 的数据存储器往往不够用,必须扩展外部数据存储器。

2. 常用数据存储器介绍

① 型号及引脚

常用 RAM 芯片的型号有:6116(2 KB)、6264(8 KB)、62128(16 KB)和 62256(32 KB)。它们都采用单一的+5 V 电源供电,双列直插式封装。这里给出常用 RAM 芯片 6264 的引脚图,如图 9-3 所示。

该型号芯片的各引脚功能如下。

● A0～A12:地址输入线,6264 共有 13 根地址线,可支持 2^{13} B 的寻址空间,即存储容量达到 8 KB。

● D0～D7:三态数据输入/输出端。

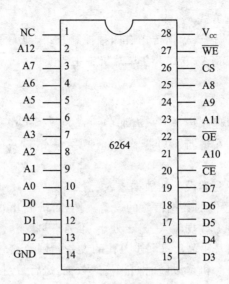

图 9-3 6264 引脚图

- $\overline{CE}$:片选端,低电平有效。
- $\overline{OE}$:读选通信号输入端,低电平有效。
- $\overline{WE}$:写选通信号输入端,低电平有效。
- CS:掉电保护端。
- V_{CC}:电源端。
- GND:接地端。

② 工作方式

6264 共有四种工作方式,分别为读、写、禁止输出和未选中工作方式。此外 6264 芯片还具有掉电保护功能。这是由于 6264 芯片设有一个 CS 引脚,通常情况下接+5 V 电源,当掉电时,在电压下降到小于或等于 2 V 的过程中,CS 引脚立刻变为低电平使 RAM 中的数据保持,因此在 $V_{CC}=2$ V 时,6264 芯片就进入数据保护状态。根据这一特点,在电源掉电检测和切换电路的控制下,当检测到电源电压下降到小于芯片最低工作电压时,将 6264 切换到由锂电池提供电源的状态,从而实现了掉电时的数据保护功能。

9.2 单片机 I/O 接口的扩展

9.2.1 I/O 接口技术概述

单片机系统中共有两种数据传送操作,一类是 CPU 和存储器之间的数据读写操作;另一类则是 CPU 和外部设备之间的数据传输。

1. 单片机为什么需要 I/O 接口电路

尽管单片机有多个 I/O 口,但数据、控制和地址三大总线一般要占用三个口,加上外部内存、人机联系和信号采集也需要多个 I/O 口,这样在单片机应用系统设计中就不可避免地要进行 I/O 口的扩展。另外虽然单片机芯片内部集成了计算机基本功能部件,但很多情况下并不能满足应用系统的要求,在片外必须连接相应的外围芯片。

2. I/O 数据传送的控制方式

在计算机中,实现数据的输入输出传送有四种控制方式,即无条件传送方式、查询方式、中断方式和直接存储器存取(DMA)方式。在单片机中主要使用前三种方式,下面分别对其进行详细介绍。

(1) 无条件传送方式

无条件传送也称为同步程序传送。只有那些一直为数据 I/O 传送做好准备的设备,才能使用无条件传送方式。因为在进行 I/O 操作时,不需要测试设备的状态,可以根据需要随时进行数据传送操作。

无条件传送适用于以下两类设备的数据输入/输出:

① 具有常驻的或变化缓慢的数据信号的设备。例如:机械开关、指示灯、发光二极管和数码管等。可以认为它们随时为数据输入/输出处于"准备好"状态。

② 工作速度非常快,足以和单片机同步工作的设备。例如数/模转换(DAC),由于它是并行工作的,速度很快,因此单片机可以随时向其传送数据,进行数/模转换。

(2) 查询方式

查询方式又称条件传送方式,即数据的传送是有条件的。在 I/O 操作之前,要先检测设备的状态,以了解设备是否已为数据输入/输出做好准备,只有在确认设备已"准备好"的情况下,单片机才能执行数据输入/输出操作。通常把以程序方法对外设状态的检测称之为"查询",所以就把这种有条件的传送方式称为查询方式。

为了实现查询方式的数据输入/输出传送,需要有接口电路提供设备状态,并以软件方法进行测试。因此这是一种软、硬件方法结合的数据传送方式。

查询方式,电路简单,查询软件也不复杂,而且通用性强,因此适用于各种设备的数据输入/输出传送。但查询过程对单片机来说毕竟是一个无用的开销,因此查询方式只能适用于单个作业或规模比较小的单片机系统。

(3) 中断方式

中断方式又称程序中断方式,它与查询方式的主要区别在于如何知道设备是否为数据传送做好准备。查询方式是单片机的主动形式,而中断方式则是单片机等待通知(中断请求)的被动形式。

采用中断方式进行数据传送时,当设备为数据传送做好准备之后,就向单片机发出中断请求(相当于通知单片机),单片机接收到中断请求之后,即做出响应,暂停正在执行的源程序,而转去为设备的数据输入/输出服务,待服务完成之后,程序返回,单片机再继续执行被中断的源程序。

每当设备的准备工作就绪,可以和单片机进行数据传送时,即发出中断请求,使单片机暂停源程序的执行,并做出中断响应,然后执行 I/O 操作,通过接口电路进行单片机与设备之间的数据传送。当 I/O 操作结束之后,程序返回,单片机继续执行被中断的源程序。

可见,使用中断方式进行数据的输入/输出操作,是以设备的主动请求和单片机及时响应而开始的,单片机停止正在执行的源程序,转去执行一个实现 I/O 操作的中断服务程序。但由于单片机速度很快,因此从宏观上看中断方式的 I/O 数据传送,其情形犹如单片机一边执行着源程序,一边又和设备进行着数据输入/输出操作,好像单片机和设备处于并行工作状态一样。

中断这种并行工作方式大大提高了单片机系统的效率,所以在单片机中广泛采用。但中断请求是一种随机时间,要能实现程序中断,对单片机系统的硬件和软件都有较高的要求。此外,由于在中断处理时常需现场保护和现场恢复,这对单片机来说仍是一项较大的无用开销。

9.2.2　单片机简单 I/O 接口的扩展

1. 简单输出口的扩展

单片机的数据总线是为各个芯片服务的,不可能为一个输出而保持一种状态(如 LED 要点亮 1 s 时间,这 1 s 里数据总线的状态可能已变化了几十万次),因此,输出接口的主要功能是进行数据保持(即数据锁存),简单输出接口的扩展实际上就是扩展锁存器。

简单输出接口扩展通常用 74LS377 芯片,该芯片是一个带允许端的 8D 锁存器,芯片引脚排列如图 9 - 4 所示,该芯片的真值如表 9 - 1 所列。

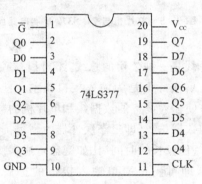

图 9 - 4　74LS377 引脚图

该型号芯片各引脚的功能如下。

- D0~D7:8 位数据输入端。
- Q0~Q7:8 位数据输出端。
- $\overline{G}$:使能控制端,低电平有效。
- CLK:时钟信号输入端,上升沿锁存数据。

表 9 - 1　74LS377 真值表

$\overline{G}$	CLK	D	Q
1	×	×	Q0
0	↑	1	1
0	↑	0	0
×	0	×	Q0

图 9 - 5 是利用 74LS377 进行简单输出接口的扩展电路。在图 9 - 5 中,由于 74LS377 的 $\overline{G}$ 端与 P2.7 口相连,所以它的地址是:0XXXX XXXX XXXX XXXXB,如果把 X 全置 1 的话,就是 0111 1111 1111 1111B 即 7FFFH。

由于 MCS - 51 的 $\overline{WR}$ 与 74LS377 的 CLK 端相连,当 $\overline{WR}$ 信号由低变高时,数据总线上的数据正是输出的数据,而此时 P2.7 也正输出低电平,$\overline{G}$ 有效,因此,数据就被锁存。有关程序如下:

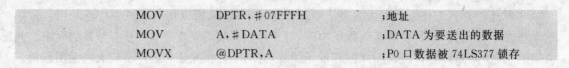

MOV	DPTR,♯07FFFH	;地址
MOV	A,♯DATA	;DATA 为要送出的数据
MOVX	@DPTR,A	;P0 口数据被 74LS377 锁存

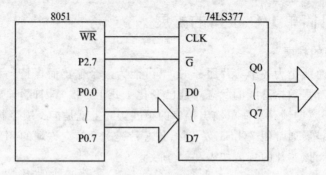

图 9 - 5　单片机与 74LS377 扩展电路图

2. 简单输入口的扩展

由于 MCS - 51 的数据总线是一种公用的总线,不可以被独占,这就要求所有接在上面的芯片必须具有"三态",因此扩展实际上是为输入接口找一个能够控制的、具有三态输出的芯片。当输入设备被选通时,它使输入设备的数据线和单片机的数据总线直接接通;当输入设备没有选通时,它隔离数据源和数据总线(即三态缓冲器为高阻抗状态)。

如果输入的数据可以保持比较长的时间(比如键盘),通常使用的典型芯片为 74LS244,由该芯片构成三态数据缓冲器即可满足简单输入接口的扩展。芯片 74LS244 的引脚图如图 9 - 6 所示。

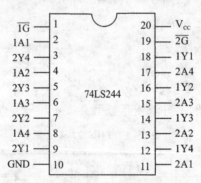

图 9 - 6　74LS244 引脚图

74LS244 内部共有两个四位三态缓冲器,分别以 $\overline{1G}$ 和 $\overline{2G}$ 作为它们的选通工作信号。当 $\overline{1G}$ 和 $\overline{2G}$ 都为低电平时,输入端 A 和输出端 Y 状态相同;当 $\overline{1G}$ 和 $\overline{2G}$ 为高电平时,输出呈高阻态。

图 9 - 7 是采用 74LS244 芯片进行简单输入接口扩展的连接图。由图 9 - 7 可以看出,当 P2.7 和 $\overline{RD}$ 同为低电平时,74LS244 才能将输入端的数据送到 MCS - 51 的 P0 口,其中 P2.7 决定了 74LS244 的地址为:0XXX XXXX XXXX XXXX,其中 X 代表任意电平。这样一来,就有很多地址都可以访问该芯片,从 0000H～7FFFH 共 32 KB 地址都可以访问该芯片,这就是用线选法所带来的副作用。通常,我们选择其中的最高位地址作为该芯片的地址来写程序,即

该芯片的地址是 7FFFH。注意,这仅是一种习惯,并不是规定,你完全可以用 0000H 作为该芯片的地址。

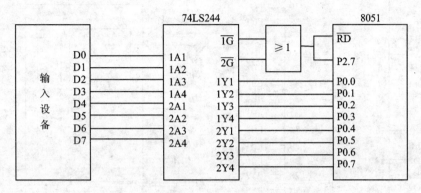

图 9 - 7 单片机与 74LS244 扩展电路图

确定了地址之后,接口的输入操作程序如下:

```
MOV          DPTR,♯7FFFH
MOVX         A,@DPTR
```

MOVX 类指令是 MCS-51 单片机专用于对外部 RAM 进行操作的指令,由于外部 I/O 与外部 RAM 是同一接口,所以也使用这条指令对外部 I/O 进行操作。一旦执行到 MOVX 类指令,单片机就会在 $\overline{RD}$ 或 $\overline{WR}$(根据输入还是输出指令)引脚产生一个下降沿,这个下降沿的波形与 P2.7 相或,在或门的输出口也产生一个下降沿,这个下降沿使得 74LS244 的输入与输出接通,输入设备的数据可以被 MCS-51 单片机从总线上读取。

74LS244 是不带锁存的,如果输入设备提供的数据时间比较短,就要用带锁存的芯片进行扩展,如 74LS373 等,可参考其他一些单片机教程。

9.2.3 8155 可编程并行 I/O 接口的扩展

Intel 8155 是一种多功能的可编程接口芯片,它具有 3 个可编程 I/O 端口(A 口和 B 口是 8 位,C 口是 6 位)、1 个可编程 14 位定时器/计数器和 256 B 的 RAM,能方便地进行 I/O 扩展和 SRAM 扩展。

1. 8155 的引脚及结构

8155 的引脚如图 9 - 8(a)所示,其各引脚功能如下:

● RESET:复位端,高电平有效。该信号的脉冲宽度一般为 600 ns,复位后,8155 的 A 口、B 口和 C 口均初始化为输入方式。

● AD0~AD7:三态地址数据总线。采用分时方法区分地址及数据信息,通常与单片机的 P0 口相连,其地址码可以是 8155 中 RAM 单元地址或 I/O 口地址,地址信息由 ALE 的下降沿锁存到 8155 的地址锁存器中,与 $\overline{RD}$ 和 $\overline{WR}$ 信号配合输入或输出数据。

● $\overline{CE}$:片选信号端,低电平有效。它与地址信息一起由 ALE 信号的下降沿锁存到 8155 的锁存器中。

● IO/$\overline{M}$:RAM 和 I/O 接口选择端。当 IO/$\overline{M}$=0 时,选中 8155 的片内 RAM,AD0~AD7 为 RAM 地址(00H~FFH);当 IO/$\overline{M}$=1 时,选中 8155 片内 3 个 I/O 接口以及命令/状

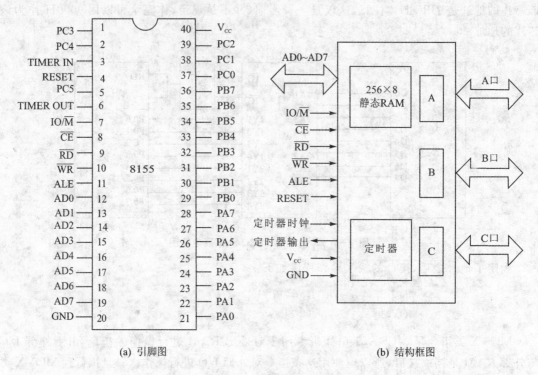

(a) 引脚图   (b) 结构框图

图 9 - 8　8155 引脚及结构

态寄存器和定时器/计数器,AD0～AD7 为 I/O 接口地址。

● $\overline{\text{WR}}$:写选通信号端,低电平有效。当$\overline{\text{CE}}=0$、$\overline{\text{WR}}=0$ 时,将 CPU 输出送到 AD0～AD7 总线上的信息写到片内 RAM 单元或 I/O 接口中。

● $\overline{\text{RD}}$:读选通信号端,低电平有效。当$\overline{\text{CE}}=0$、$\overline{\text{RD}}=0$ 时,将 8155RAM 单元或 I/O 接口的内容传送到 AD0～AD7 总线上。

● ALE:地址锁存器允许信号端。ALE 信号的下降沿将 AD0～AD7 总线上的地址信息和$\overline{\text{CE}}$及 IO/$\overline{\text{M}}$ 的状态信息都锁存到 8155 内部锁存器中。

● PA7～PA0:A 口通用输入/输出线。它由命令寄存器中的控制字来决定输入/输出。

● PB7～PB0:B 口通用输入/输出线。它由命令寄存器中的控制字来决定输入/输出。

● PC5～PC0:可用编程的方法决定 C 口作为输入/输出线或作 A 口、B 口数据传送的控制应答联络线。

● TIMER IN:定时器/计数器脉冲输入端。

● TIME OUT:定时器/计数器矩形脉冲或方波输出端(取决于工作方式)。

● V_{cc}:+5 V 电源端。

● GND:接地端。

8155 的结构如图 9 - 8(b)所示,从该框图中可以看出 8155 主要由以下三部分组成:

● 数据存储器:该部分是容量为 256 B 的 SRAM。

● 并行 I/O 口:可编程的 8 位 I/O 口 PA0～PA7、可编程的 8 位 I/O 口 PB0～PB7 和可编程的 6 位 I/O 口 PC0～PC5,还有只允许写入的 8 位命令寄存器和只允许读出的 8 位状态寄存器。

● 定时器/计数器:14 位的二进制减法计数器/定时器。

2. 8155 的工作原理

8155 三组 I/O 口的工作方式由可编程的命令寄存器的内容决定,其状态可由读出状态寄存器的内容而获得。8155 的命令寄存器和状态寄存器为独立的 8 位寄存器。在 8155 内部,从逻辑上说,只允许写入命令寄存器和读出状态寄存器,实际上,读命令寄存器内容及写状态寄存器的操作是既不允许,也是不可能实现的。因此,命令寄存器和状态寄存器采用同一通道地址,以简化硬件。同时将两个寄存器简称为命令/状态寄存器,有时用 C/S 表示。下面分别对其进行介绍。

(1) 8155 命令寄存器

8155 的命令寄存器由 8 位锁存器组成,各位的定义如表 9 - 2 所列。

表 9 - 2   8155 命令寄存器各位定义

位　序	D7	D6	D5	D4	D3	D2	D1	D0
位标志	TM2	TM1	IEB	IEA	PC2	PC1	PB	PA

8155 命令寄存器各位的使用介绍如下:

● PA:定义端口 A 的数据传送方式,当(PA)=0 时,表示端口 A 为输入方式;当(PA)=1 时,表示端口 A 为输出方式。

● PB:用以定义端口 B 的数据传送方式,当(PB)=0,表示端口 B 为输入方式;当(PB)=1 时,表示端口 B 为输出方式。

● PC1、PC2:用以定义端口 C 的工作方式,具体定义如表 9 - 3 所列。

● IEA:用以定义端口 A 的中断。当(IEA)=0 时,表示禁止端口 A 中断;当(IEA)=1 时,表示允许端口 A 中断。

● IEB:用以定义端口 B 的中断。当(IEB)=0 时,表示禁止端口 B 中断;当(IEB)=1 时,表示允许端口 B 中断。

● TM1、TM2:用以定义定时器/计数器命令字,具体定义如表 9 - 4 所列。

表 9 - 3   C 口工作方式

PC2	PC1	方　式
0	0	A、B 口均为基本输入输出,C 口输入
0	1	A、B 口均为基本输入输出,C 口输出
1	0	A 口为选通输入输出,B 口为基本输入输出,C 口控制信号
1	1	A、B 口均为选通输入输出,C 口控制信号

表 9 - 4   定时器/计数器命令字

TM2	TM1	命　令
0	0	空操作,不影响计数器操作
0	1	停止定时器操作
1	0	若定时器正在计数,计数器计满后立即停止计数
1	1	启动,装入定时器方式和长度后立即启动计数

（2）8155 状态寄存器

8155 的状态寄存器由 8 位锁存器组成,其最高位为任意值,低 6 位用于指定端口的状态,另一位用于指示定时器/计数器的状态,供 CPU 查询。

通过读 C/S 寄存器的操作(即用指令系统的输入指令),读出的是状态寄存器的内容。8155 的状态字格式如表 9-5 所列。

表 9-5　8155 状态寄存器各位定义

位 序	D7	D6	D5	D4	D3	D2	D1	D0
位标志	×	TIMER	INTEB	BFB	INTRB	INTEA	BFA	INTRA

8155 状态寄存器各位的使用介绍如下:

● INTRA:A 端口有无中断申请。若(INTRA)=0,表示 A 端口无中断请求;若(IN-TRA)=1,表示 A 端口有中断请求。

● BFA:A 端口缓冲器空/满标志。若(BFA)=0,表示 A 端口的缓冲器为空,可接收外设或单片机发送的数据;若(BFA)=1,表示 A 端口已装满数据,可由外设或单片机取走。

● INTEA:A 端口中断允许/禁止标志位。若(INTEA)=0,表示 A 端口禁止中断;若(INTEA)=1,表示 A 端口允许中断。

● INTRB:B 端口有无中断申请。若(INTRB)=0,表示 B 端口无中断请求;若(INTRB)=1,表示 B 端口有中断请求。

● BFB:B 端口缓冲器空/满标志。若(BFB)=0,表示 B 端口的缓冲器为空,可接收外设或单片机发送的数据;若(BFB)=1,表示 B 端口已装满数据,可由外设或单片机取走。

● INTEB:B 端口中断允许/禁止标志位。若(INTEB)=0,表示 B 端口禁止中断;若(IN-TEB)=1,表示 B 端口允许中断。

● TIMER:计数器计满与否标志位。若(TIMER)=0,表示计数器尚未计满;若(TIM-ER)=1,表示计数器的原计数初值已计满回 0。

8155 的 I/O 端口部件由五个寄存器组成。其中两个分别是命令寄存器及状态寄存器,它们的地址为××××000B。当写操作期间选中 C/S 寄存器时,就把一个命令写入命令寄存器中,并且命令寄存器的状态信息不能通过其引脚来读取;当读操作期间选中 C/S 寄存器时,可以将 I/O 端口和定时器的状态信息读出。

另外两个寄存器为 PA 和 PB。根据 C/S 寄存器的内容,分别对 PA7~PA0 和 PB7~PB0 编程,使相对应的 I/O 端口处于基本输入方式、基本输出方式或选通方式。PA 和 PB 寄存器的地址分别为××××001B 和××××010B。

另一个寄存器是 PC,其地址为××××011B。该寄存器仅 6 位,可以对 I/O 端口 PC5~PC0 进行编程,对命令寄存器命令字的 D3、D2 位(PC2、PC1)进行编程,使其成为 PA、PB 端口的控制信号,如表 9-6 所列。

表 9-6　C 口的控制分配表

PC2　PC1	00	01	10	11
方　式	0	1	2	3

PC2　PC1	00	01	10	11
PC0	输入	输出	AINTR	AINTR
PC1	输入	输出	ABF	ABF
PC2	输入	输出	A/STB	A/STB
PC3	输入	输出	输出	BINTR
PC4	输入	输出	输出	BBF
PC5	输入	输出	输出	B/STB

（3）8155 定时器/计数器工作原理

8155 定时器是一个 14 位的减法计数器,它能对输入定时器的脉冲进行计数,在到达最后一个计数值时,输出一个矩形波或脉冲。

要对定时器进行程序控制,必须首先装入计数长度。由于计数长度为 14 位,而每次装入的长度只能是 8 位,故必须分两次装入。装入计数长度寄存器的值为 0002H～3FFFH。D15和 D14 两位用于规定定时器的输出方式。定时器寄存器的格式如表 9-7 所列。

表 9－7　8155 定时器寄存器各位定义

位　序	D15	D14	D13	D12	D11	D10	D9	D8	D7	D6	D5	D4	D3	D2	D1	D0
位标志	M2	M1	T13	T12	T11	T10	T9	T8	T7	T6	T5	T4	T3	T2	T1	T0

其中最高两位（M2 和 M1）定义定时器方式,具体定义如表 9-8 所列。

表 9－8　定时器方式定义

M2	M1	方　式
0	0	单方波
0	1	连续方波
1	0	单脉冲
1	1	连续脉冲

需要指出的是,硬件复位信号 RESET 的到达,会使 8155 计数器停止工作,直至由 C/S 寄存器发出启动定时器命令为止。

3. 8155 与单片机的接口应用

MCS-51 系列单片机可以与 8155 直接连接而不需要附加任何电路,即可使系统增加256 B 的 RAM,22 位 I/O 口线及一个计数器。8051 与 8155 的接口方法如图 9-9 所示。

8155 中的 RAM 地址因 P2.0(A8)＝0,P2.7(A15)＝0,故可选为 0111 1110 0000 0000B（即 7E00H）～0111 1110 1111 1111(7EFFH);I/O 端口的地址为 7F00H～7F05H,如表 9-9所列。

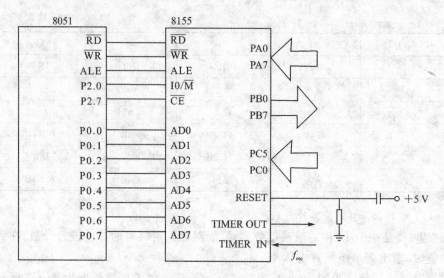

图 9-9　8155 与 8051 的连接

表 9-9　地址分配表

A15	A14	A13	A12	A11	A10	A9	A8	A7	A6	A5	A4	A3	A2	A1	A0	I/O 口
0	×	×	×	×	×	×	1	×	×	×	×	×	0	0	0	命令状态口
0	×	×	×	×	×	×	1	×	×	×	×	×	0	0	1	PA 口
0	×	×	×	×	×	×	1	×	×	×	×	×	0	1	0	PB 口
0	×	×	×	×	×	×	1	×	×	×	×	×	0	1	1	PC 口
0	×	×	×	×	×	×	1	×	×	×	×	×	1	0	0	定时器低 8 位
0	×	×	×	×	×	×	1	×	×	×	×	×	1	0	1	定时器高 8 位

　　若端口 A 定义为基本输入方式,端口 B 定义为基本输出方式,定时器作为方波发生器,对 8051 输入脉冲进行 24 分频(但需要注意 8155 的计数最高频率约为 4 MHz),则 8155 的 I/O 口初始化程序如下:

```
STRAT:      MOV     DPTR,#7F04H      ;指向定时器寄存器低 8 位
            MOV     A,#18H           ;设计数器初值#18H
            MOVX    @DPTR,A          ;定时器寄存器低 8 位赋值
            INC     DPTR             ;指向定时器寄存器高 8 位
            MOV     A,#40H           ;定时器为连续方波方式
            MOVX    @DPTR,A          ;定时器寄存器高 6 位赋值
            MOV     DPTR,#7F00H      ;指向命令寄存器
            MOV     A,#0C2H          ;设命令字
            MOVX    @DPTR,A          ;送命令字
```

　　在需要同时扩展 RAM 和 I/O 口及计数器的应用系统中选用 8155 是特别经济的。8155 的 SRAM 可以作为数据缓冲器,8155 的 I/O 口可以外接打印机、A/D、D/A 和键盘等控制信号的输入输出。8155 的定时器可以作为分频器或定时器使用。

9.2.4 8255 可编程并行 I/O 接口的扩展

1. 8255 硬件逻辑结构

8255 的全称为"可编程并行输入/输出接口芯片",具有通用性强且使用灵活等优点,可用于实现 MCS - 51 系列单片机的并行 I/O 口的扩展。

8255 是一个 40 只引脚的双列直插式集成电路芯片,其引脚排列如图 9 - 10 所示。

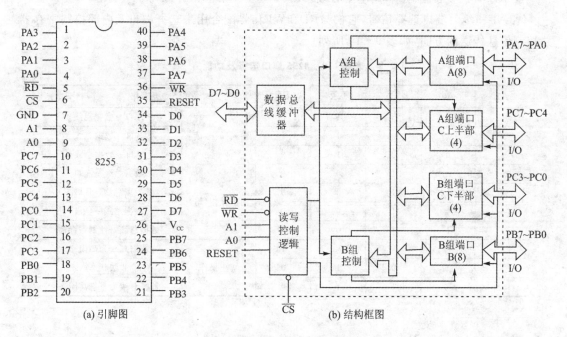

(a) 引脚图   (b) 结构框图

图 9 - 10 8255 引脚及结构图

按功能可把 8255 的内部结构分为 3 个逻辑电路部分,分别是:I/O 口电路、总线接口电路和控制逻辑电路。下面分别对其进行介绍。

(1) I/O 口电路

8255 共有 3 个 I/O 口:A 口、B 口和 C 口。

A 口具有一个 8 位数据输出锁存器/缓冲器和一个 8 位数据输入锁存器。可编程为 8 位输入/输出或双向寄存器。

B 口具有一个 8 位数据输出锁存器/缓冲器和一个 8 位数据输入缓冲器(不锁存),可编程为 8 位输入或输出寄存器,但不能双向输入/输出。

C 口具有一个 8 位数据输出锁存器/缓冲器和一个 8 位数据输入缓冲器(不锁存),C 口可分作两个 4 位口使用。它除了作为输入/输出口外,还可以作为 A 口和 B 口选通方式工作时的状态控制信号。

(2) 总线接口电路

总线接口电路用于实现 8255 和单片机芯片的信号连接。其中包括:

① 数据总线缓冲器 数据总线缓冲器为一个双向三态的 8 位缓冲器,可直接与系统的数据总线相连,与 I/O 口操作有关的数据、控制字和状态信息都是通过该缓冲器进行传送的。

② 读/写控制逻辑 读/写控制逻辑的功能用于管理所有的数据、控制字或状态字的传

送。它接收来自 CPU 的地址信息及一些控制信号来控制各个口的工作状态,这些控制信号有:

- $\overline{CS}$:片选信号端,低电平有效。
- $\overline{RD}$:读选通信号端,低电平有效。
- $\overline{WR}$:写选通信号端,低电平有效。
- RESET:复位信号端,高电平有效。
- A1 和 A0:端口选择信号,它们与 $\overline{RD}$ 和 $\overline{WR}$ 信号配合用来选择端口及内部控制寄存器,并控制信息传送的方向,如表 9 – 10 所列。

表 9 – 10　8255 端口选择及功能

A1	A0	$\overline{RD}$	$\overline{WR}$	$\overline{CS}$		操　作
0	0	0	1	0		A 口→数据总线
0	1	0	1	0	输入操作(读)	B 口→数据总线
1	0	0	1	0		C 口→数据总线
0	0	1	0	0		数据总线→A 口
0	1	1	0	0	输出操作(写)	数据总线→B 口
1	0	1	0	0		数据总线→C 口
1	1	1	0	0		数据总线→控制寄存器
×	×	×	×	1		数据总线为高阻态
1	1	0	1	0	禁止操作	非法状态
×	×	1	1	0		数据总线为三态高阻态

(3) 控制逻辑电路

控制逻辑电路主要分为 A 组控制电路和 B 组控制电路,每组控制电路从读、写控制逻辑接收各种命令,从内部数据总线接收控制字(指令),并发出适当的命令到相应的端口。A 组控制电路控制 A 口及 C 口的高 4 位,B 组控制电路控制 B 口及 C 口的低 4 位。

2. 8255 工作方式及控制字

(1) 8255 工作方式

8255 共有 3 种工作方式:方式 0、方式 1 和方式 2。对其分别介绍如下。

① 方式 0(基本输入/输出方式)

这种工作方式不需要任何选通信号。A 口、B 口及 C 口的高 4 位和低 4 位都可以设定为输入或输出。作为输出口时,输出的数据被锁存;作为输入口时,输入数据不锁存。

② 方式 1(选通输入/输出方式)

在这种工作方式下,A、B 和 C 三个口分为两组。A 组包括 A 口和 C 口的高 4 位,A 口可由编程设定为输入口或输出口,C 口的高 4 位用来作为输入/输出操作的控制和同步信号;B 组包括 B 口和 C 口的低 4 位,B 口同样可由编程设定为输入口或输出口,C 口的低 4 位用来作为输入/输出操作的控制和同步信号。A 口和 B 口的输入数据或输出数据都被锁存。

③ 方式 2(双向总线方式)

在这种工作方式下,A 口为 8 位双向总线口,C 口的 PC3~PC7 用来作为输入/输出的同步控制信号,B 口和 C 口的 PC0~PC2 只能编程为方式 0 或方式 1 工作。

（2）8255 控制字

8255 有两种控制字，即控制 A 口、B 口和 C 口工作方式的方式控制字和控制 C 口各位的置位/复位控制字。两种控制写入的控制寄存器相同，只是用 D7 位来区分是哪一种控制字。（D7）＝1 为工作方式控制字；（D7）＝0 为 C 口置位/复位控制字。两种控制字的格式和定义如图 9－11 所示。

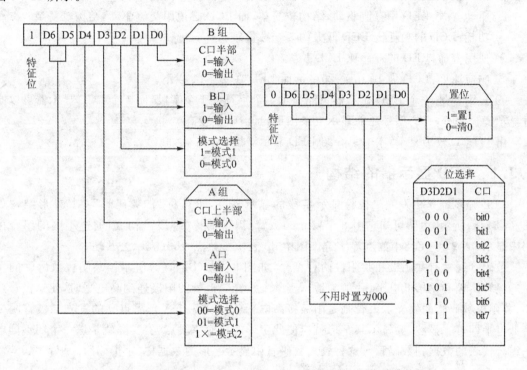

（a）方式选择控制字　　　　　　　　（b）C 口置位/复位控制字

图 9－11　8255 控制字的格式

例 9－1　若要使 8255 的 PA 口为方式 0 输入，PB 口为方式 1 输出，PC4～PC7 为输出，PC0～PC3 为输入，则应将方式控制字改为多少？

解　根据图 9－11(a)可知：若要使 PA 口为方式 0 输入，则（D7）＝1、（D6）＝0、（D5）＝0、（D4）＝1；要使 PC4～PC7 为输出，则（D3）＝0；要使 PB 口为方式 1 输出，则（D2）＝1、（D1）＝0；要使 PC0～PC3 为输入，则（D0）＝1。即方式控制字应设为 10010101B＝95H。

例 9－2　若要使 PC 口的第 3 位为 1，则 PC 口置位/复位控制字应为多少？

解　根据图 9－11(b)可知：若要使 PC 口的第 3 位为 1，则（D7）＝0、（D6）＝0、（D5）＝0、（D4）＝0、（D3）＝0、（D2）＝1、（D1）＝1、（D0）＝1，即 PC 口置位/复位控制字应设为 00000111B＝07H。

9.3　LED 显示器接口

为方便人们观察和监视单片机的运行情况，通常需要利用显示器作为单片机的输出设备，以显示单片机的键输入值、中间信息及运算结果等。

在单片机应用系统中,常用的显示器主要有 LED(发光二极管显示器)和 LCD(液晶显示器)。这两种显示器都具有耗电省,配置灵活,线路简单,安装方便,耐振动,寿命长等优点。两者相比,其主要不同点如下。

① 发光方式:LED 本身可直接发光,在黑暗条件下也能发光,而 LCD 本身不能直接发光,需要依靠外界光反射才能显示字符,所以在黑暗条件下需要加背光。

② 驱动方式:LED 用直流驱动,结构较简单,而 LCD 必须用交流驱动,结构较复杂。

③ 功耗:LCD 的功耗比 LED 低大约 3 个数量级。

④ 使用寿命:LED 的寿命比 LCD 长大约 2 个数量级。

⑤ 响应速度:LCD 为 10 ms～20 ms,而 LED 在 100 ns 以下。

⑥ 显示容量:1 个 LED 显示器只能显示 1 个字符或 1 个字段,而 1 个 LCD 显示器可以同时显示多个字符,有的型号还能显示复杂图形,且清晰度较高。

由于 LCD 较为复杂,本书只介绍 LED 显示器接口。

9.3.1　LED 显示器的结构

LED 显示器是由发光二极管显示字段的显示器件,也可称为"数码管"。其外形结构如图 9-12(a)所示,由图可知它由 8 个发光二极管(以下简称"字段")构成,通过不同的组合可用来显示 0～9、a～f 及小数点等字符。图中 dp 表示小数点,com 表示公共端。

数码管通常有共阴极和共阳极两种型号,如图 9-12(b)和(c)所示。共阴极数码管的发光二极管阴极必须接低电平(一般为地),当某一发光二极管的阳极连到高电平时,此二极管点亮;共阳极数码管的发光二极管则是阳极接高电平(一般为+5 V),需点亮的发光二极管阴极接低电平即可。显然,要显示某字形就应使此字形的相应字段点亮,实际就是送一个用不同电平组合代表的数据到数码管。这种装入数码管中显示字形的数据称"字形码"。

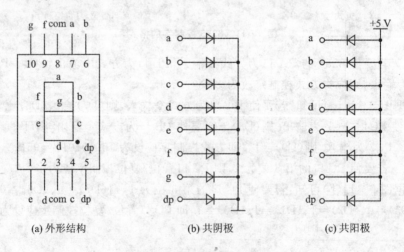

(a) 外形结构　　　　(b) 共阴极　　　　(c) 共阳极

图 9-12　数码管结构图

还有一种点阵式的发光显示器,发光二极管排成一个 $n \times m$ 矩阵,一个发光二极管控制点阵中的一个点,这种显示器的字形逼真,能显示的字符比较多,但控制比较复杂。

9.3.2　LED 显示器的工作方式

1. LED 显示器字形编码

要使 LED 显示器显示出相应的字符，必须使段数据口输出相应的字形编码。字形编码与硬件电路连接形式有关。如果段数据口的低位和 a 相连，高位和 dp 相连，则七段 LED 字形编码的各位定义如表 9-11 所列。

表 9-11　七段 LED 字形编码各位定义

位序	D7	D6	D5	D4	D3	D2	D1	D0
位标志	dp	g	f	e	d	c	b	a

若数据口的低位和 dp 相连，则七段 LED 字形编码的各位定义如表 9-12 所列。

表 9-12　七段 LED 字形编码各位定义

位序	D7	D6	D5	D4	D3	D2	D1	D0
位标志	a	b	c	d	e	f	g	dp

一般情况下采用第一种硬件连接方式，即段数据口的低位和 a 相连，高位和 dp 相连，其各字符的字形编码如表 9-13 所列。

表 9-13　七段 LED 字形编码

显示字符	共 阳	共 阴	显示字符	共 阳	共 阴
0	C0H	3FH	C	C6H	39H
1	F9H	06H	D	A1H	5EH
2	A4H	5BH	E	86H	79H
3	B0H	4FH	F	8EH	71H
4	99H	66H	P	8CH	73H
5	92H	6DH	U	C1H	3EH
6	82H	7DH	R	CEH	31H
7	F8H	07H	Y	91H	6EH
8	80H	7FH	亮	00H	FFH
9	90H	6FH	灭	FFH	00H
A	88H	77H	H	89H	76H
B	83H	7CH	L	C7H	38H

2. LED 显示器的工作方式

LED 显示器的工作方式主要有静态显示和动态显示两种，下面分别予以介绍。

（1）静态显示方式

静态显示是指在显示器显示某个字符时，相应的字段（发光二极管）一直导通或截止，直到变换为其他字符。数码管工作在静态显示方式下时，其公共极接地或高电平。每位的段选线与一个 8 位并行口相连。只要在该位的段选线上保持段选码电平,该位就能保持相应的显示字符。这里的 8 位并行口可以采用并行 I/O 口(单片机的 I/O 口,或并行 I/O 口接口芯片,如 8155 和 8255 芯片等),也可以采用串行输入/并行输出的移位寄存器。

　　静态显示的优点是显示稳定,在发光二极管导通电流一定的情况下显示器的亮度大,系统在运行时,仅仅在需要更新显示内容时 CPU 才执行一次显示子程序,这样大大节省了 CPU 时间,提高了 CPU 效率;其缺点是位数较多时显示口随之增加。

　　(2)动态显示方式

　　动态显示方式是把各显示器的相同段选线并联在一起,并由一个 8 位 I/O 口控制,而其公共端由其他相应的 I/O 口控制,然后采用扫描方法轮流点亮各位 LED,使每位分时显示该位应该显示的字符。这是最常用的显示方式之一。

　　在轮流点亮扫描过程中,每位显示器的点亮时间是极为短暂的(约为 1 ms),但由于人的视觉暂留现象及发光二极管的余辉效应,尽管实际上各位显示器并非同时点亮,但只要扫描的速度足够快,给人的印象就是一组稳定的显示数据,不会有闪烁感。但为保证足够的亮度,通过 LED 的脉冲电流应数倍于其额定电流值。动态显示驱动电路是单片机应用系统中最常用的显示方式。图 9-13 为单片机应用系统中的一种动态显示方式示意图,其中数码管为共阳数码管。

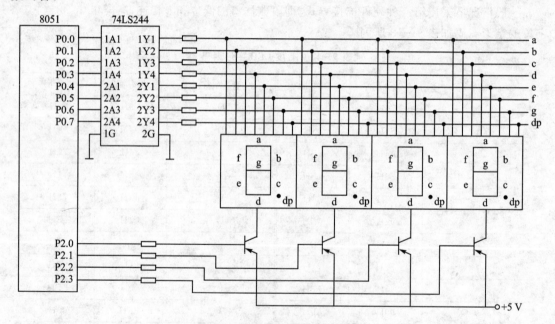

图 9-13　扫描式显示电路

　　下面介绍对图 9-13 所示电路编写的显示子程序。设显示存储单元为片内 RAM30H～33H,其中 30H 为高位,数码管为共阳数码管,则显示子程序如下:

```
DISPLAY:   MOV    R0,#30H          ;显示首地址
           MOV    DPTR,#TAB
           MOV    R2,#0FEH         ;点亮最左边数码管
           MOV    R7,#4            ;共点亮 4 个数码管
```

```
LOOP:        MOV        A,R2
             MOV        P2,A
             RL         A
             MOV        R2,A                ;数码管右移
             MOV        A,@R0
             MOVC       A,@A+DPTR           ;查表地字形码
             MOV        P0,A
             ACALL      DELAY               ;延时 1 ms
             INC        R0                  ;显示地址加 1
             DJNZ       R7,LOOP
             RET
```

9.3.3　八位串行 LED 显示驱动器 MAX7219

　　MAX7219 是 MAXIM 公司生产的七段共阴极 LED 数码管的驱动芯片,每一片 7219 最多能驱动 8 个共阴 LED 数码管或 64 只独立 LED。MAX7219/7221 内置一个 BCD 码译码器、多路扫描电路、段和数字驱动器和一个存储每一位的 8×8 静态 RAM。对所有的 LED 来说,只需外接一个电阻,即能控制段电流。

　　MAX7219 内有一个 150 μA 的低功耗掉电模式、模拟和数字光控、一个允许用户从一位数显示到八位数显示选择的扫描界线寄存器和一个强迫所有 LED 接通的测试模式。它允许用户为每一位选择 BCD 译码或不译码。数字和模拟亮度控制,上电时显示空白。

　　该器件可广泛应用于条形图显示、七段显示、工业控制、仪表控制面板和 LED 模型显示等领域。

1. MAX7219 引脚排列

　　MAX7219 的外形采用 24 脚封装,有窄 24 脚和宽 24 脚 DIP 之分,其引脚如图 9-14 所示。

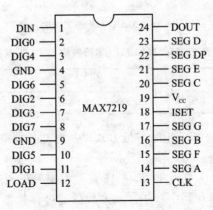

图 9-14　MAX7219 的引脚图

　　该芯片各引脚功能如表 9-14 所列。

表 9 - 14   MAX7219 的引脚功能

引脚号	名　称	功　能
1	DIN	串行数据输入端。在 CLK 的上升沿,数据被加载到内部 16 位移位寄存器中。
3、4、5～8、10、11	DIG0～DIG7	八位数字驱动线。它从共阴极显示器吸收电流。
4、9	GND	接地端。此二引脚必须连接起来。
12	LOAD	在 LOAD 的上升沿,串行数据的最后 16 位被锁定。
13	CLK	时钟输入端。最高频率为 10 MHz。在 CLK 的上升沿,数据被移入到内部移位寄存器中;在 CLK 的下降沿,数据从 DOUT 输出。
14～17、20～23	SEG A～SEG DP	七段驱动器和小数点驱动器。它供给显示器源电流。
18	ISET	通过一个电阻和 V_{CC} 相连,来调节最大段电流。
19	V_{CC}	电源电压,接+5 V。
24	DOUT	串行数据输出。输入到 DIN 的数据在 16.5 个时钟周期后,在 DOUT 端有效。此信号常用于几个 MAX7219 级联。

2. MAX7219 使用说明

MAX7219/7221 的工作时序如图 9 - 15 所示,其串行数据格式如表 9 - 15 所列。

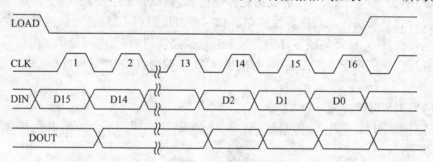

图 9 - 15   MAX7219 的工作时序图

表 9 - 15   MAX7219 串行数据格式(16 位)

任意值(0 或 1)	地　址	数　据
D15、D14、D13、D12	D11、D10、D9、D8	D7、D6、D5、D4、D3、D2、D1、D0

下面将分别介绍 MAX7219 的串行寻址方式以及内部各种寄存器的使用说明。

(1) 串行寻址方式

对 MAX7219,在 LOAD 为低电平时,将 16 位数据串发送到 DIN 端,在每个 CLK 的上升沿把数据移入到内部 16 位寄存器中。DIN 端的数据通过移位寄存器传送,并在 16.5 个时钟周期后出现在 DOUT 端。数据在 CLK 的下降沿输出,数据标记为 D0～D15。D8～D11 为寄存器地址。D0～D7 为数据,D12～D15 为"任意"位。接收到的数据的第一位为 D15,是最高位(MSB)。

(2) 数字和控制寄存器

表 9 - 16 列出了 14 个可寻址数字和控制寄存器。数字寄存器由一个片内 8×8 双端口

SRAM 组成。控制寄存器包括：译码方式、显示亮度、扫描界线（扫描数据字的数量）、停机和测试显示（所有 LED 均接通）。

表 9 - 16　寄存器地址划分

寄存器	地　址					十六进制代码(HEX)
	D15~D12	D11	D10	D9	D8	
空操作	××××	0	0	0	0	×0H
DIG0	××××	0	0	0	1	×1H
DIG1	××××	0	0	1	0	×2H
DIG2	××××	0	0	1	1	×3H
DIG3	××××	0	1	0	0	×4H
DIG4	××××	0	1	0	1	×5H
DIG5	××××	0	1	1	0	×6H
DIG6	××××	0	1	1	1	×7H
DIG7	××××	1	0	0	0	×8H
译码模式	××××	1	0	0	1	×9H
亮度	××××	1	0	1	0	×AH
扫描界限	××××	1	0	1	1	×BH
掉电	××××	1	1	0	0	×CH
显示测试	××××	1	1	1	1	×FH

（3）掉电方式

MAX7219 工作于掉电模式时，扫描振荡器停止工作。此时，所有段电流源接地，所有的数字驱动器被拉到 V_{cc}，显示器不显示。由于在掉电模式中，为最小供给电流，所以当数据和控制寄存器的数据不需要改变时，停机可以达到节电的效果。

一般地，MAX7219 脱离掉电模式需要 250 μs。在掉电模式下，显示驱动器可用程序设计，并且掉电方式不显示测试功能取消。掉电寄存器的格式如表 9 - 17 所列。

表 9 - 17　掉电寄存器的格式

方　式	地　址(HEX)	寄存器数据							
		D7	D6	D5	D4	D3	D2	D1	D0
掉电模式	×CH	×	×	×	×	×	×	×	0
正常操作	×CH	×	×	×	×	×	×	×	1

（4）起始上电

在起始上电时，所有控制寄存器被复位，显示器不显示，并且 MAX7219 进入掉电方式。在正常显示前，必须先给显示驱动器编程；否则，它将被设置成扫描一个数字，而且它将不译码数据寄存器中的数据，并且亮度寄存器的亮度被设置为最小。

（5）译码方式寄存器

译码方式寄存器对每个数字设置 BCD 码（0～9、E、H、L、P 和—）或非代码操作。寄存器中的每一位与一个数字相对应。逻辑高电平选择 BCD 译码，而逻辑低电平不译码。译码方式控制寄存器的格式举例如表 9 - 18 所列。

表 9 - 18　译码方式控制寄存器的格式

译码方式	寄存器数据								十六进制代码
	D7	D6	D5	D4	D3	D2	D1	D0	
0~7 位 LED 不译码	0	0	0	0	0	0	0	0	00H
0 位 LED 译码、1~7 位不译码	0	0	0	0	0	0	0	1	01H
0~3 位 LED 译码、4~7 位 LED 不译码	0	0	0	0	1	1	1	1	0FH
0~7 位译码	1	1	1	1	1	1	1	1	FFH

　　当采用 BCD 译码方式时,译码器仅针对数字寄存器中数据的低 4 位($D3 \sim D0$),而不考虑 $D4 \sim D6$ 位。设置小数点的 D7 与译码器无关,且为正逻辑(D7＝1 时接通小数点)。

　　BCD 码的字形是:当数据为 00H~09H 时,显示"0~9";当数据为 0AH~0EH 时,显示"—,E,H,L,P"。

　　当选择不译码方式时,数据位 D7~D0 对应于 MAX7219 的段线。LED 字段与数据的对应关系如表 9 - 19 所列。

表 9 - 19　MAX7219 的 LED 字段与数据对应关系

位　序	D7	D6	D5	D4	D3	D2	D1	D0
位标志	dp	a	b	c	d	e	f	g

(6) 亮度控制和数据间空白

　　MAX7219 允许通过外接电阻 Rset 来控制显示亮度。段驱动器的峰值电流刚好是进入 Rset 的电流的 100 倍。改变亮度寄存器的内容也能调节亮度。一般设置段电流为 40 mA,外接电阻 Rset 的最小值应该是 9.53 kΩ。显示亮度也可以通过使用亮度寄存器来进行数字控制。

　　显示亮度的数字控制由一个内部的脉宽调制器提供,它通过亮度寄存器的低 4 位来控制。调节器分 16 等级,把由 Rset 设置的峰值电流从最大的 31/32 降到 1/32,来确定段电流平均值。亮度寄存器的格式如表 9 - 20 所列。最小数字间空白显示时间设置为周期的 1/32。

表 9 - 20　亮度寄存器的格式

占空比	寄存器数据								十六进制代码
	D7	D6	D5	D4	D3	D2	D1	D0	
1/32(最小)	×	×	×	×	0	0	0	0	×0H
3/32	×	×	×	×	0	0	0	1	×1H
5/32	×	×	×	×	0	0	1	0	×2H
7/32	×	×	×	×	0	0	1	1	×3H
9/32	×	×	×	×	0	1	0	0	×4H
11/32	×	×	×	×	0	1	0	1	×5H
13/32	×	×	×	×	0	1	1	0	×6H
15/32	×	×	×	×	0	1	1	1	×7H
17/32	×	×	×	×	1	0	0	0	×8H

续表 9 − 20

占空比	寄存器数据								十六进制代码
	D7	D6	D5	D4	D3	D2	D1	D0	
19/32	×	×	×	×	1	0	0	1	×9H
21/32	×	×	×	×	1	0	1	0	×AH
23/32	×	×	×	×	1	0	1	1	×BH
25/32	×	×	×	×	1	1	0	0	×CH
27/32	×	×	×	×	1	1	0	1	×DH
29/32	×	×	×	×	1	1	1	0	×EH
31/32(最亮)	×	×	×	×	1	1	1	1	×FH

(7) 扫描界线寄存器

扫描界线寄存器设置所显示数据的多少,可从 1~8。它们一般以扫描速率 800 Hz、8 位数据和多路复用方式显示。如果显示的数据较少,扫描速率为 $8 \times f/N$(其中 N 为扫描数字的数量,f 为扫描频率)。既然所扫描数字的数量影响显示亮度,那么扫描界线寄存器就不应该再用来显示空白位(例如,禁止开头的 0 显示)。扫描界线寄存器的格式如表 9 − 21 所列。

如果扫描界线寄存器被设置为三个数字或更少,各个数字驱动器将消耗过量的功率。因此,Rset 的电阻值必须调节到和位显示器数目相匹配的值,以限制数字驱动器的功率消耗。

表 9 − 21　扫描界限寄存器的格式

扫描界限	寄存器数据								十六进制代码
	D7	D6	D5	D4	D3	D2	D1	D0	
仅显示位 0	×	×	×	×	×	0	0	0	×0H
显示位 0、1	×	×	×	×	×	0	0	1	×1H
显示位 0、1、2	×	×	×	×	×	0	1	0	×2H
显示位 0、1、2、3	×	×	×	×	×	0	1	1	×3H
显示位 0、1、2、3、4	×	×	×	×	×	1	0	0	×4H
显示位 0、1、2、3、4、5	×	×	×	×	×	1	0	1	×5H
显示位 0、1、2、3、4、5、6	×	×	×	×	×	1	1	0	×6H
显示位 0、1、2、3、4、5、6、7	×	×	×	×	×	1	1	1	×7H

(8) 显示测试寄存器

显示测试寄存器有两种工作方式,即正常和显示测试。显示测试方式在不改变所有控制和数字寄存器(包括停机寄存器)的情况下来接通所有 LED。在显示测试方式时,8 位数字被扫描,占空比为 31/32。当在 ×FH 中送 01H 时,为测试;当送 00H 时,为正常。

注意:一旦 MAX7219 设为测试方式(所有 LED 全亮),一直保持到显示测试寄存器被置为正常工作方式为止。

(9) 非工作(NO - OP)寄存器

当 MAX7219 级联时,使用非工作寄存器把所有器件的 LOAD 输入连接在一起,而把 DOUT 连接到相邻 MAX7219 的 DIN 上。DOUT 为 CMOS 逻辑电平输出,易于依次级联 MAX7219 的 DIN。例如,如果 4 片 MAX7219 级联,那么对第 4 片芯片写入时,发送所需的

16 位字,其后跟有 3 个非工作代码(十六进制数×0××H),当 LOAD 变高时数据被锁存在所有器件中。前 3 个芯片接收非工作指令,而第 4 个芯片接收预期的数据。

(10) 电源旁路及布线

要使由峰值数字驱动器电流引起的纹波减到最小,需在 V_{cc} 到 GND 之间尽可能靠近芯片处外接一个 10 μF 的电解电容和一个 0.1 μF 的陶瓷电容。MAX7219 应放置在靠近 LED 显示器的地方,保证对外引线尽量短,以减小引线电感和电磁干扰。

(11) 选择 Rset 电阻和使用外部驱动器

MAX7219 的最大推荐电流是 40 mA。当段电流超过此标准时,需要使用外部的数字驱动器。因此,当使用外部电流源作为段驱动器时,应取外接电阻 Rset=47 kΩ,用以节能。

3. MAX7219 程序设计

若需采用 MAX7219 驱动 8 片共阴 LED 数码管,单片机的 P1.0、P1.1 和 P1.2 分别与 MAX7219 的 DIN、LOAD 和 CLK 管脚相连,显示的数据内容分别存放在片内 RAM 30H 开始的区域中,30H 为高位。则 MAX7219 的初始化程序及显示程序如下。

```
            DIN        BIT        P1.0
            CLK        BIT        P1.2
            LOAD       BIT        P1.1
            SHOUZHI    EQU        30H            ;显示数据首址
;MAX7219 初始化子程序
CHUSHIHUA:  MOV        A,#0BH                    ;设置扫描界限地址
            MOV        B,#07H                    ;设置扫描界限数据
            ACALL      WRITEWORD                 ;调用写字子程序
            MOV        A,#09H                    ;设置译码模式地址
            MOV        B,#0FFH                   ;设置译码模式数据
            ACALL      WRITEWORD                 ;调用写字子程序
            MOV        A,#0AH                    ;设置亮度模式地址
            MOV        B,#0AH                    ;设置亮度模式数据
            ACALL      WRITEWORD                 ;调用写字子程序
            MOV        A,#0CH                    ;设置正常工作模式地址
            MOV        B,#01H                    ;设置正常工作模式数据
            ACALL      WRITEWORD                 ;调用写字子程序
            RET
WRITEWORD:  CLR        LOAD                      ;置 LOAD=0
            ACALL      WRITEBYTE                 ;调用写地址子程序
            MOV        A,B
            ACALL      WRITEBYTE                 ;调用写数据子程序,传送数据
            SETB       LOAD                      ;数据装载
            RET
WRITEBYTE:  MOV        R7,#8                     ;向 MAX7219 送地址或数据
WRITE1:     NOP
            CLR        CLK
```

```
          RLC        A
          MOV        DIN,C
          NOP
          SETB       CLK
          DJNZ       R7,WRITE1
          RET
;MAX7219 显示子程序
DISPLAY：  MOV        R1,#SHOUZHI      ;置显示区首地址
          MOV        R6,#8            ;数码管显示个数
          MOV        R4,#01H          ;第一个 LED
DISP1：    MOV        A,@R1
          MOV        B,A
          MOV        A,R4
          ACALL      WRITEWORD        ;调用写字子程序
          INC        R4               ;LED 增 1
          INC        R1               ;数据地址增 1
          DJNZ       R6,DISP1
          RET
```

9.4　键盘接口

在单片机应用系统中,通常都要有人机对话功能。它包括人对应用系统的状态干预、数据的输入以及应用系统向人报告运行状态与运行结果等。

对于需要人工干预的单片机应用系统,键盘就成为人机联系的必要手段,此时需配置适当的键盘输入设备。键盘电路的设计应使 CPU 不仅能识别是否有键按下,还要能识别是哪一个键按下,而且能把此键所代表的信息翻译成计算机所能接收的形式,如 ASCII 码或其他预先约定的编码。

计算机常用的键盘有全编码键盘和非编码键盘两种。全编码键盘能够由硬件逻辑自动提供与被按键对应的编码。此外,一般还具有去抖动和多键、窜键保护电路。这种键盘使用方便,但需要专门的硬件电路,价格较高,一般的单片机应用系统较少采用。

非编码键盘分为独立式键盘和矩阵式键盘。硬件上此类键盘只提供通、断两种状态,其他工作都靠软件来完成。由于其经济实用,目前在单片机应用系统中多采用这种办法。本节着重介绍非编码键盘接口。

9.4.1　键盘工作原理

在单片机应用系统中,除复位键有专门的复位电路以及专一的复位功能外,其他的按键均以开关状态来设置控制功能或输入数据,因此,这些按键只是简单的电平输入。键信息输入是与软件功能密切相关的过程。对于某些应用系统,例如智能仪表,键输入程序是整个应用程序的重要组成部分。

1. 键输入原理

键盘中的每个按键都是一个常开的开关电路,当所设置的功能键或数字键按下时,则处于

闭合状态。对于一组键或一个键盘,需要通过接口电路与单片机相连,以便将键的开关状态通知单片机。单片机可以采用查询或中断方式检查有无键输入以及是哪一个键被按下,并通过转移指令转入执行该键的功能程序,执行完再返回到原始状态。

2. 键输入接口与软件应解决的问题

键盘输入接口与软件应可靠、快速地实现键信息输入与执行键功能任务。为此,应解决下列问题。

(1)键开关状态的可靠输入

目前,无论是按键还是键盘,大部分都是利用机械触点的合、断作用。机械触点在闭合及断开瞬间由于弹性作用的影响,均存在抖动过程,从而使电压信号也出现抖动,如图 9 - 16 所示。抖动时间长短与开关的机械特性有关,一般为 5~10 ms。

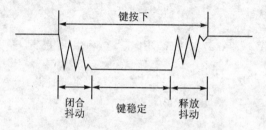

图 9 - 16　键闭合和断开时的电压抖动

按键的稳定闭合时间,由操作人员的按键动作所确定,一般为十分之几到几秒的时间。为了保证 CPU 对键的一次闭合仅作一次键输入处理,就必须去除抖动的影响。

通常去抖动影响的方法有硬件和软件两种。在硬件上,采取在键输出端加 R - S 触发器或单稳态电路构成去抖动电路。在软件上采取的措施是:在检测到有键按下时,执行一个10 ms左右的延时程序后,再判断该键电平是否仍保持闭合状态电平,若仍保持为闭合状态电平,则确认该键处于闭合状态,否则认为是干扰信号,从而去除了抖动影响。为简化电路,通常采用软件方法。

(2)对按键进行编码以给定键值或直接给出键号

对任一组按键或键盘都要通过 I/O 口线查询按键的开关状态。根据不同的键盘结构,采用不同的编码方法。但无论有无编码以及采用什么编码,最后都要通过程序转换成为与累加器中数值相对应的键值,以实现按键功能程序的散转转移(相应的散转指令为"JMP @A+DPTR"),因此,一个完善的键盘控制程序应能完成下述任务:

① 监测有无键按下。

② 有键按下后,在无硬件去抖动电路时,应采用软件延时方法去除抖动影响。

③ 有可靠的逻辑处理办法,例如 n 键锁定,即只处理一个键。其间任何按下又松开的键不产生影响,不管一次按键持续多长时间,仅执行一次按键功能程序。

④ 输出确定的键号以满足散转指令要求。

9.4.2　独立式按键

独立式按键是指直接用 I/O 口线构成的单个按键电路。每个独立式按键单独占有一根I/O 口线,每根I/O口线的工作状态都不会影响其他 I/O 口线的工作状态,这是一种最简单、易懂的按键结构。

1. 独立式按键结构

独立式按键电路结构如图 9－17 所示。每个独立式按键单独占有一根 I/O 口线,每根 I/O 口线上的按键工作不会影响到其他 I/O 口线上的工作状态。

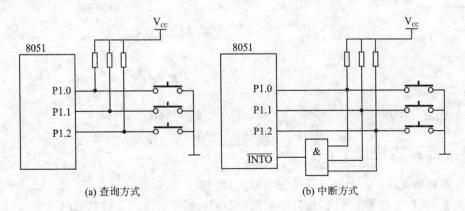

(a) 查询方式　　　　　　　　(b) 中断方式

图 9－17　独立式按键电路

图 9－17(a)为查询方式的独立式按键电路,通过 I/O 口连接,将每个按键的一端接到单片机的 I/O 口,另一端接地,这是最简单的方法。图中 3 个按键分别与 P1.0、P1.1 和 P1.2 相连。对于这种按键程序可以采用不断查询的方法,功能就是:检测是否有键闭合,如有键闭合,则 P1.2～P1.0 有一只引脚为低电平,否则全为高电平,然后延时去抖动,判断键号并转入相应的键处理程序。

图 9－17(b)为中断方式的独立式按键电路。各个按键都接到一个与门上,当有任何一个按键按下时,都会使与门输出为低电平,从而引起单片机的中断,它的优点是不用在主程序中反复查询按键,而等到有键按下,单片机才去执行相应的键处理程序。

通常按键输入都采用低电平有效,图中上拉电路保证了按键断开时,I/O 口有确定的高电平。如果 I/O 口内部有上拉电阻时,外电路可以不配置上拉电阻。

2. 独立式按键的软件实现

下面以查询方式为例介绍独立式按键软件实现方法,为简便说明起见,我们暂不考虑软件去抖动措施,其程序实现如下:

START:	MOV	A,#0FFH	;置输入方式
	MOV	P1,A	
LOOP:	MOV	A,P1	;读入键盘状态
	ANL	A,#07H	
	CJNE	A,#07H,L1	;是否有键按下
	SJMP	LOOP	;无键按下则等待
L1:	……		;延时去抖动(省略),确实有键按下
	MOV	DPTR,#TAB	;送跳转表首地址
	CPL	A	;输入取反
	RL	A	;乘2,得表偏移量

L2:	......		;调用延时程序,键释放(省略)
	JMP	@A+DPTR	
TAB:	AJMP	KEY0	;入口地址表
	AJMP	KEY1	
	AJMP	KEY2	
KEY0:	......		
	AJMP	START	;0 号键执行完返回
KEY1:	......		
	AJMP	START	;1 号键执行完返回
KEY2:	......		
	AJMP	START	;2 号键执行完返回

9.4.3　行列式按键

独立式按键电路每一个按键开关占一根 I/O 口线。当按键数较多时,要占用较多的 I/O 口线。因此,在按键数大于 8 时,通常多采用行列式(也称"矩阵式")键盘电路。

1. 行列式键盘工作原理

在键盘中按键数量较多时,为了减少 I/O 口的占用,通常将按键排列成矩阵形式,如图 9-18 所示,每条水平线和垂直线在交叉处不直接相接,而是通过一个按键加以连接。这样,本来一个端口最多只有 8 个按键,现在就可以构成 $4 \times 4 = 16$ 个按键,比它直接将端口线用于键盘多出了一倍,而且线数越多,区别就越明显。由此可见,在需要的键数比较多时,可采用行列式法来做键盘。

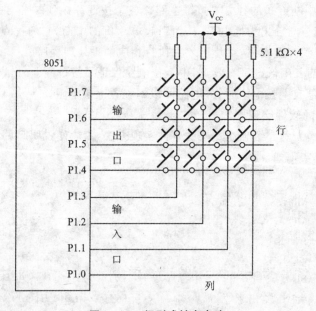

图 9-18　行列式键盘电路

由图 9-18 可知行列式结构的键盘显然比独立按键要复杂一些,电路由 8051 的 P1 口高、低 4 位构成 4×4 矩阵键盘。键盘的列线一端通过电阻接正电源,另一端接单片机的输入口线;行线一端接单片机的输出口线,另一端悬空。故 P1.7～P1.4 作为键盘的扫描输出口线;

P1.3~P1.0 作为键盘的输入口线。

为判断是否有键按下,所有的输出口向行线输出低电平,一旦有键按下,则输入线就会被拉低,这样,通过读入输入线的状态就可得知是否有键按下了。结合图 9‐18 所示,检测的方法是 P1.4~P1.7 输出全 0,读取 P1.0~P1.3 的状态,若 P1.0~P1.3 全为 1,则无键按下,否则有键闭合。

然后判断按键的位置,如果有键按下,被按键处的行线和列线被接通,使穿过闭合键的那条列线变为低电平。方法是对键盘的行线进行扫描。P1.4~P1.7 按下述 4 种组合依次输出:

P1.7	1	1	1	0
P1.6	1	1	0	1
P1.5	1	0	1	1
P1.4	0	1	1	1

然后测试线状态中是否有低电平。在每组行输出时读取 P1.0~P1.3,若全为 1,则表示这一行没有键闭合,否则有键闭合。由此得到闭合键的行值和列值,然后可采用计算法或查表法将闭合键的行值和列值转换为所定义的键值。

2. 行列式键盘软件设计

行列式键盘的工作方式有编程扫描方式和中断扫描方式两种,下面分别予以介绍。

(1) 编程扫描方式

编程扫描方式,又称为逐行(或列)扫描查询法,这种方式只有当 CPU 空闲时才调用键盘扫描子程序,响应键的输入请求,确定行列式键盘上何键被按下,这是一种最常用的按键识别方法。

(2) 中断扫描方式

采用上述扫描键盘的工作方式,虽然也能响应键入的命令或数据,但是这种方式不管键盘上有无按键按下,CPU 总要定时扫描键盘;而应用系统在工作时,并不经常需要按键输入,因此,CPU 常处于空扫描状态。为了提高 CPU 的工作效率,可采用中断扫描工作方式,即只在键盘有键按下时发中断请求,CPU 响应中断请求后,转中断服务程序,进行键盘扫描,识别键码,中断扫描工作方式的一种简易键盘接口电路如图 9‐19 所示,其直接由 80C51 的 P1 口的高、低字节构成 4×4 行列式键盘。键盘的行线与列线与 P1 口的低 4 位相接,键盘的行线接到 P1 口的高 4 位。

图 9‐19 中的 4 输入端与门就是为中断扫描方式而设计的,其输入端分别与各列线相连,而输出端接单片机外部中断输入 $\overline{INT0}$。初始化时,键盘行输出口全部置 0。当有键按下时,$\overline{INT0}$ 端为低电平,向 CPU 发出中断请求,若 CPU 开放外部中断,则响应该中断请求,进入中断服务程序。在中断服务程序中执行键盘扫描输入子程序时,需注意返回指令要改用 RETI。此外,还须注意保护与恢复现场。

由于 P1 口为双向 I/O 口,可以采用线路反转识别键值。其步骤如下:

a. P1.0~P1.3 输出 0,由 P1.4~P1.7 输入并保存数据到 A 中;

b. P1.4~P1.7 输出 0,由 P1.0~P1.3 输入并保存数据到 B 中;

c. A 的高 4 位与 B 的低 4 位相或成为键码值;

d. 查表求得键号。

线路反转识别键值的程序如下:

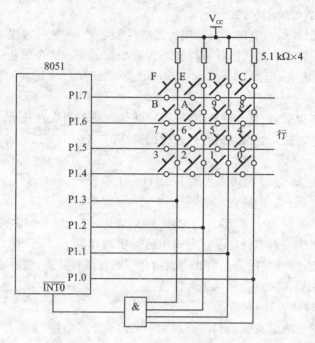

图 9 – 19　中断扫描方式键盘电路

	ORG	0000H	
	LJMP	START	
	ORG	0003H	
	LJMP	FZH	
	ORG	0030H	
START：	MOV	SP，#50H	
	MOV	P1，#0FH	
	MOV	IE，#81H	;CPU 开中断,允许外部中断 0 中断
	……		
	SJMP	$	
	ORG	80H	;读键值中断程序
FZH：	SETB	RS0	;用第 1 组工作寄存器,保护第 0 组
	MOV	P1，#0F0H	;设 P1.0～P1.3 输出为 0
	MOV	A，P1	;读 P1 口
	ANL	A，#0F0H	;屏蔽低 4 位,保留高 4 位
	MOV	B，A	;P1.4～P1.7 的值存入 B
	MOV	P1，#0FH	;反转设置,设 P1.4～P1.7 输出 0
	MOV	A，P1	
	ANL	A，#0FH	;屏蔽高 4 位,保留低 4 位
	ORL	A，B	;与 P1.4～P1.7 的值相或,形成键码
	MOV	B，A	
	MOV	R0，#00H	;置键号初值
	MOV	DPTR，#TAB	

```
LOOP:       MOV         A,R0
            MOVC        A,@A+DPTR          ;取键码值
            CJNE        A,B,NEXT           ;与按键值相比较,如果不相等,继续
            SJMP        RR0                ;相等返回,键码值在 A 中
NEXT:       INC         R0                 ;键值加 1
            CJNE        R0,#10H,LOOP       ;是否到最后一个键
RR0:        CLR         RS0                ;恢复第 0 组工作寄存器
            RETI
TAB:        DB          0EEH,0EDH,0EBH,0E7H    ;0,1,2,3 的键码值
            DB          0DEH,0DDH,0DBH,0D7H    ;4,5,6,7 的键码值
            DB          0BEH,0BDH,0BBH,0B7H    ;8,9,A,B 的键码值
            DB          07EH,07DH,07BH,077H    ;C,D,E,F 的键码值
            END
```

9.5　D/A 转换接口

在单片机控制系统中,很多控制对象用的是模拟量(如对电机、机械手和记录仪等设备的控制),所以必须将单片机输出的数字量转换为模拟电压或电流,送到执行机构以达到某种控制过程。所有这些都离不开数字模拟转换接口(D/A),此外 D/A 转换还可以产生各种波形,所以 D/A 转换接口是数字化测控系统及智能仪器中必要的组成部分。

本节将简介 D/A 转换原理、主要技术指标和常用芯片 DAC0832 及其与 8051 系列单片机的接口和应用。

9.5.1　D/A 转换原理

D/A 转换是将数字量信号转换成与此数值成正比的模拟量信号。一个二进制数是由各位代码组合起来的,每位代码在二进制数中的位置代表一定的权。为了将数字量转换成模拟量,应将每位代码按权大小转换成相应的模拟输出分量,然后根据叠加原理将各代码对应的模拟输出分量相加,其总和就是与数字量成正比的模拟量,至此 D/A 转换完成。

为实现上述 D/A 转换,需使用解码网络。解码网络的主要形式有二进制权电阻解码网络和 T 型电阻解码网络两种。实际应用的 D/A 转换器多数采用 T 型电阻解码网络。由于它所采用的电阻阻值小,具有简单、直观、转换速度快和转换误差小等优点,因而本节仅介绍 T 形电路网络 D/A 转换法。图 9 - 20 即为其结构原理图。该图中包括 1 个 4 位切换开关、4 路 R - $2R$ 电阻网络、1 个运算放大器和 1 个比例电阻 R_F。

整个 T 型电阻网络电路是由相同的电路环节组成的。每节有 2 个电阻(R、$2R$),1 个开关,相当于二进制数的 1 位,开关由该位的代码所控制。由于电阻接成 T 型,故称"T 型解码网络"。此电路采用了分流原理实现对输入位数字量的转换。图中无论从哪个 R-$2R$ 节点向上或向下看,等效电阻都是 $2R$。从 $d_0 \sim d_3$ 看进去的等效输入电阻都是 $3R$,于是每个开关流入的电流 I 都可看作相等,即 $I = V_R/3R$。这样由开关 $d_0 \sim d_3$ 流入运算放大器的电流自上向下以 $1/2$ 系数逐渐递减,依次为 $(1/2)I$、$(1/4)I$、$(1/8)I$、$(1/16)I$。设 $d_3 d_2 d_1 d_0$ 为输入的二进制数字量,于是输出的电压值为:

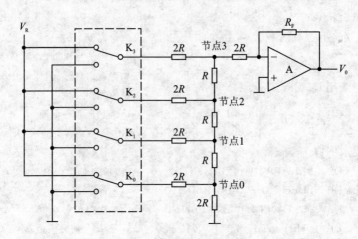

图 9 - 20　T 型电阻网络 D/A 转换原理图

$$V_O = -R_F \sum I_i = -(R_F \times V_R/3R) \times (d_3 \times 2^{-1} + d_2 \times 2^{-2} + d_1 \times 2^{-3} + d_0 \times 2^{-4})$$

$$= -[(R_F \times V_R/3R) \times 2^{-4}] \times (d_3 \times 2^3 + d_2 \times 2^2 + d_1 \times 2^1 + d_0 \times 2^0)$$

　　式中,$d_0 \sim d_3$ 取值为 0 或 1。0 表示切换开关与地相连,1 表示切换开关与参考电压 V_R 接通,该位有电流输入。这就完成了由二进制数到模拟量电压信号的转换。由此式可以看出,V_R 和 V_O 的电压符号正好相反,即要使输出电压 V_O 为正,则 V_R 必须为负。由此式还可以看出,增加开关和权电阻的个数可以提高电压转换精度。

　　D/A 输出电压值的大小不仅与二进制数码有关,还与运算放大器的反馈电阻 R_F、基准电压 V_R 有关。当 D/A 设置为满刻度值时,可以通过这 2 个参数调整电压的最大输出值。

9.5.2　D/A 转换的主要技术指标

　　(1) D/A 建立时间(Setting Time)

　　D/A 建立时间是描述转换速率高低的一个重要参数,是指当 D/A 转换器输入数字量为满刻度值(二进制各位全为 1)时,从输入加上模拟量电压到输出达到满刻度值或满刻度值的某一百分比(如 99%)所需的时间,也可称为"输入 D/A 转换速率(Conversion Rate)"。不同类型的 D/A 建立时间大多是不同的,但一般均在几十纳秒到几百微秒的范围内。

　　(2) D/A 转换精度(Accuracy)

　　精度参数用于表明 D/A 转换的精确程度,一般用误差大小来表示,通常以满刻度电压(满量程电压)V_{FS} 的百分数形式给出。例如:精确度为 $\pm 0.1\%$ 指的是,最大误差为 V_{FS} 的 $\pm 0.1\%$。如果 V_{FS} 为 5 V,则最大误差为 ± 5 mV。

　　(3) 分辨率(Resolution)

　　分辨率表示对输入的最小数字量信号的分辨能力,即当输入数字量最低位(LSB)产生一次变化时,所对应输出模拟量的变化量,而分辨率则与输入数字量的位数有关。如果数字量的位数为 n,则 D/A 转换器的分辨率为 2^{-n}。显然,在 D/A 输出满量程电压相同的情况下,位数越多,分辨率就越高。通常以其二进制位数来表示分辨率。

　　需要注意的是:精度和分辨率是两个不同的概念。精度取决于构成转换器的各部件的误差和稳定性,而分辨率取决于转换器的位数。

9.5.3 D/A 芯片 DAC0832

(1) DAC0832 内部结构及功能

DAC0832 是采用 CMOS 工艺制作的 8 位单片梯形电阻式 D/A 转换器,片内带数据锁存器,电流输出型,输出电流持续时间为 1 μs,其引脚图如图 9 - 21 所示。

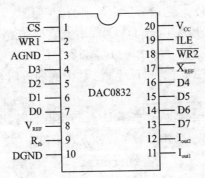

图 9 - 21 DAC0832 引脚图

DAC0832 中由一个 8 位 DAC 寄存器、一个 8 位输入锁存器、一个 8 位 D/A 转换器和逻辑控制电路组成。输入数据锁存器和 DAC 寄存器构成了两级缓存,可以实现多通道 D/A 的同步转换输出。由于 DAC0832 是电流型输出,应用时需外接运算放大器使之成为电压型输出。

DAC0832 采用 20 脚的 DIP 封装,其各引脚的功能如下。

● D0~D7:8 位数据输入线,TTL 电平,有效时间长于 90 ns。

● ILE:数据锁存允许控制信号输入线,高电平有效。

● $\overline{CS}$:片选信号输入端,低电平有效。

● $\overline{WR1}$:输入寄存器的写选通输入端,负脉冲有效(脉冲宽度应大于 500 ns),当 $\overline{CS}$ 为 0,ILE 为 1,$\overline{WR1}$ 有效时,D0~D7 状态被锁存到输入寄存器。

● $\overline{X_{FER}}$:数据传输控制信号输入端,低电平有效。

● $\overline{WR2}$:DAC 寄存器写选通输入端,负脉冲(脉冲宽度应大于 500 ns)有效,当 $\overline{X_{FER}}$ 为 0 且 $\overline{WR2}$ 有效时,输入寄存器的状态被传送到 DAC 寄存器中。

● I_{out1}:电流输出端,当输入全为 1 时,I_{out1} 最大。

● I_{out2}:电流输出端,其值和 I_{out1} 值之和为一个常数。

● R_{fb}:反馈电阻端,芯片内部此端与 I_{out1} 之间已接有 1 个 15 kΩ 的电阻。

● V_{CC}:电源电压端,范围为 +5 V~+15 V。

● V_{REF}:基准电压输入端,V_{REF} 范围为 -10 V~+10 V,此端电压决定 D/A 输出电压的范围。如果 V_{REF} 接 +10 V,则输出电压范围为 0~-10 V,如果 V_{REF} 接 -5 V,则输出电压范围为 0~+5 V。

● AGND:模拟地,为模拟信号和基准电源的参考地。

● DGND:数字地,为工作电源地和数字逻辑地。两种地线最好在电源处一点共地。

(2) DAC0832 的应用

DAC0832 与 51 单片机主要有三种基本的接口方式,即直通工作方式、单缓冲工作方式和双缓冲工作方式。

● 直通方式：该方式是使所有控制信号（$\overline{CS}$、$\overline{WR1}$、$\overline{WR2}$、$\overline{X_{FER}}$）均有效，它只适宜于连续反馈控制线路中。

● 单缓冲方式：该方式适用于只有 1 路模拟量输出或几路模拟量非同步输出的情况。在这种方式下，将 2 级寄存器的控制信号并接，输入数据在控制信号的作用下，直接送入 DAC 寄存器中，也可以采用把 $\overline{WR2}$ 和 $\overline{X_{FER}}$ 两信号固定接地的方法。

● 双缓冲方式：该方式是先控制 DAC0832 的数据锁存器以接收数据，然后再控制 DAC0832 的 DAC 寄存器，通过这种方式可以实现多个 D/A 转换的同步输出。

下面将分别简述单缓冲工作方式和双缓冲工作方式的应用方法。

① 单缓冲方式

当只有一路 D/A 转换输出，或虽有多路 D/A 转换但非同步输出时，采用单缓冲方式。图 9-22 为 DAC0832 与 8051 单片机典型的单缓冲方式接口电路。

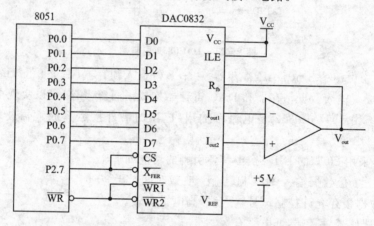

图 9-22　DAC0832 单缓冲方式与 8051 单片机的接口电路图

图中 ILE 引脚直接接高电平，$\overline{WR1}$ 和 $\overline{WR2}$ 相连后与 8051 单片机的 $\overline{WR}$ 相连，$\overline{CS}$ 和 $\overline{X_{FER}}$ 相连后接在 8051 单片机的 P2.7 口，这样就同时片选了 DAC0832 的数据锁存器和 DAC 寄存器，8051 单片机对 DAC0832 执行一次写操作就把一个数据写入数据锁存器，同时也直接写入了 DAC 寄存器，模拟量输出随之变化。由图可知，数据锁存器和 DAC 寄存器的地址都为 7FFFH。

根据图 9-22，执行下面的程序后，运算放大器的输出端将会产生一个锯齿波形。

```
JUCHI:      MOV     DPTR,#7FFFH      ;选中 D/A 转换器
            MOV     A,#00H
LOOP:       MOVX    @DPTR,A          ;向 DAC0832 输出数据
            INC     A
            ACALL   DELAY            ;延时,通过延时可改变锯齿波的频率
            AJMP    LOOP
```

② 双缓冲方式

当有多路 D/A 转换需同步输出时，要采用双缓冲方式。这时数字量的输入锁存和 D/A 转换输出是分两步完成的，即 CPU 的数据总线分时地向各路 D/A 转换器输入要转换的数据

量并锁存在各自的数据输入锁存器中；然后，CPU 对所有 D/A 转换器发出控制信号，使所有 D/A 转换器数据输入锁存器中断数据打入 DAC 寄存器，实现同步转换输出。图 9 - 23 所示电路为 DAC0832 与 8051 单片机典型的双缓冲方式接口电路。

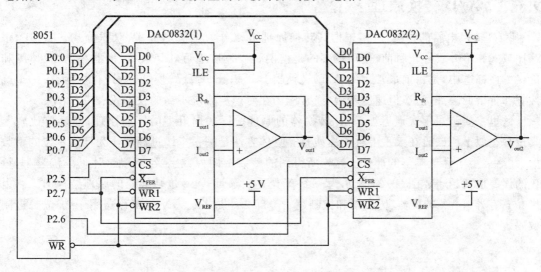

图 9 - 23　DAC0832 双缓冲方式与 8051 单片机的接口电路图

图中两片 DAC0832 的 $\overline{WR1}$ 和 $\overline{WR2}$ 都相连后再与 8051 单片机的 $\overline{WR}$ 相连，DAC0832(1) 的片选端 $\overline{CS}$ 和 DAC0832(2) 的片选端 $\overline{CS}$ 分别接在 8051 单片机的 P2.5 和 P2.6 端口，由此可知，DAC0832(1) 的数据锁存器地址为 0DFFFH，DAC0832(2) 的数据锁存器地址为 0BFFFH，而由于两片 DAC0832 的 $\overline{X_{FER}}$ 都接在 51 单片机的同一个引脚 P2.7 上，由图 9 - 23 可知，这两个 D/A 转换器的 DAC 寄存器的地址均为 7FFFH，可作为两个 D/A 转换器的同步转换信号。

8051 单片机执行下面的程序后就能完成两路 D/A 的同步转换输出。

DAC:	MOV	DPTR,♯0DFFFH	;指向 DAC(1)的数据锁存器地址
	MOV	A,♯DATA1	
	MOVX	@DPTR,A	;DATA1 数据送入 DAC(1)中锁存
	MOV	DPTR,♯0BFFFH	;指向 DAC(2)的数据锁存器地址
	MOV	A,♯DATA2	
	MOVX	@DPTR,A	;DATA2 数据送入 DAC(2)中锁存
	MOV	DPTR,♯7FFFH	
	MOVX	@DPTR,A	;启动两个 DAC 寄存器同时转换

9.6　A/D 转换接口

模/数(A/D)转换的作用是把一个模拟量转换为计算机能接收的数字量。模拟量是时间和数值都连续变化的物理量(如温度、压力、流量等)，与此对应的电信号即模拟电信号。显然，模拟量要输入计算机，首先要经过模拟量到数字量的转换(简称"A/D 转换")，计算机才能接收。实现 A/D 转换的设备称为"A/D 转换器"或"ADC(Analog to Digit Converter)"。

本节将介绍 A/D 转换原理、主要技术指标和常用芯片 ADC0809 及其与 8051 系列单片机的接口和应用。

9.6.1　A/D 转换原理

A/D 转换电路的种类很多,根据其转换原理可以分为逐次逼近式、双积分式、并行式、跟踪比较式和串并式等。目前,使用较多的是前两种。逐次逼近式 A/D 转换器在精度、速度和价格方面都适中,是目前最常用的 A/D 转换器。双积分 A/D 转换器,则具有精度高、抗干扰性好和价格低廉等优点,但速度较慢,经常应用在对速度要求不高的仪器仪表中。

这里主要讲述逐次逼近型 A/D 转换器的原理。逐次逼近型的转换原理即"逐位比较"。其过程类似于用砝码在天平上称物体质量。具体方法是用一个二进制数作为计量单位的整数倍,并略去小于计量单位的部分。这样所得到的整数量即为数字量。显然,计量单位越小,量化的误差也就越小。图 9-24 所示为一个 N 位逐次逼近式 A/D 转换器的原理结构图。它由 N 位寄存器、D/A 转换器、比较器和控制逻辑等部分组成,其中 N 位寄存器用于 N 位二进制数码。

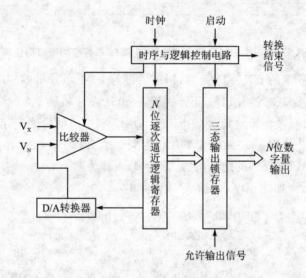

图 9-24　逐次逼近式 A/D 转换器结构图

当模拟量 V_X 送入比较器后,启动信号通过控制逻辑电路启动 A/D 开始转换。首先,置 N 位寄存器最高位(D_{n-1})为 1,其余位清 0(相当于先放一个最重的砝码)。N 位寄存器的内容经 D/A 转换后,得到整个量程一半的模拟电压 V_N,然后与输入电压 V_X 比较。若 $V_X \geqslant V_N$,则保留 $D_{n-1} = 1$;若 $V_X < V_N$,则 D_{n-1} 位清 0。然后,控制逻辑使寄存器下一位(D_{n-2})置 1,与上次的结果一起经 D/A 转换后再与 V_X 比较。不断重复上述过程,直至判别出 D_0 位取 1 还是 0 为止。此时,控制逻辑电路发出转换结束信号 EOC。这样经过 N 次比较后,N 位寄存器的内容就是转换后的数字量数据,然后经输出锁存器读出。这个转换过程就是这样一个逐次比较、逼近的过程。图 9-24 所示原理结构图中的数字量可以并行方式输出,也可以串行方式输出。

9.6.2　A/D 转换的主要技术指标

A/D 转换过程主要包括采样、量化和编码。采样是使模拟信号在时间上离散化;量化就是用一个基本的计量单位（量化电平）使模拟量变为一个整数的数字量；编码是把已经量化的模拟量（它是量化电平的整数倍）用二进制数码、BCD 码或其他数码来表示。总之，量化与编码就是把采样得到的离散值经过舍入的方法变换为与输入量成正比例的二进制数码。由 A/D 转换过程可以看出，它所涉及的主要技术指标包括如下几项。

（1）转换时间和转换频率

A/D 转换器完成一次模拟量变换为数字量所需的时间即为"A/D 转换时间"。通常，转换频率是转换时间的倒数，它反映采集系统的实时性能，是一个很重要的技术指标。

（2）量化误差与分辨率

A/D 转换器的分辨率是指转换器读输入电压微小变化响应能力的度量，习惯上用输出的二进制位数或 BCD 码位数表示。A/D 转换器的分辨率不采用可分辨的输入模拟电压相对值表示，这与一般测量仪表的分辨率表达方式不同。例如：A/D 转换器 AD574A 的分辨率为 12 位，即该转换器的输出数据可以用 2^{12} 个二进制数进行量化。如果用百分数来表示分辨率，则为：

$$1/2^{12} \times 100\% = (1/4\ 096) \times 100\% \approx 0.024414\% \approx 0.0244\%$$

当转换位数相同而输入电压的满量程值 V_{FS} 不同时，可分辨的最小电压值不同。例如：分辨率为 12 位，$V_{FS} = 5$ V 时，可分辨的最小电压是 1.22 mV；而 $V_{FS} = 10$ V 时，可分辨的最小电压是 2.44 mV。当输入电压的变化低于此值时，转换器不能分辨，如 9.998～10 V 之间所转换的数字量均为 4 095。

输出为 BCD 码的 A/D 转换器一般用位数表示分辨率，例如 MC14433 双积分式 A/D 转换器，分辨率为 $3\frac{1}{2}$ 位。满度字位为 1 999，用百分数表示分辨率时为：

$$1/1\ 999 \times 100\% = 0.05\%$$

量化误差与分辨率是统一的。量化误差是由于有限数字对模拟数值进行离散取值（量化）而引起的误差。因此，量化误差理论上为一个单位分辨率，即 $\pm\frac{1}{2}$ LSB。提高分辨率即可减少量化误差。

（3）转换精度

A/D 转换器的转换精度反映了一个实际 A/D 转换器与一个理想 A/D 转换器在量化值上进行 A/D 转换的差值，可表示成绝对误差或相对误差，与一般测试仪表的定义相似。

对于不同的 A/D 转换器生产厂家，其产品精度指标表达方式可能不完全相同。有的给出综合误差指标，有的给出分项误差指标。通常给出的分项误差指标有非线性误差、零点误差和增益误差等。

必须注意：A/D 转换器的转换精度所对应的误差指标是不包括量化误差的。

9.6.3　A/D 芯片 ADC0809

常见的采用逐次逼近法并行输出的 A/D 器件有 ADC0809 和 AD574A 等很多种，在此仅以最简单、廉价的 ADC0809 为例进行介绍。ADC0809 是一种有 8 路模拟输入和 8 位并行数字输出的逐次逼近式 A/D 器件。

（1）ADC0809 主要技术指标和特性

● 分辨率：8 位。

- 转换时间:取决于芯片的时钟频率,转换 1 次所需时间。
- 单一电源:+5 V。
- 模拟输入电压范围:单极性为 0~+5 V。

(2) ADC0809 引脚与功能

ADC0809 的引脚图如图 9-25 所示。

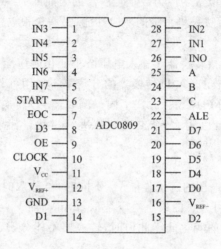

图 9-25　ADC0809 引脚图

该芯片的各引脚功能如下。

- IN0~IN7:8 路模拟量的输入端。
- D0~D7:A/D 转换后的数据输入端,为三态可控输出,可直接与计算机数据线相连。
- A、B、C:模拟通道地址选择端,A 为低位,C 为高位,其通道选择的地址编码如表 9-22 所列。
- V_{REF+}、V_{REF-}:基准参考电压的正、负端,决定输入模拟量的量程范围,可用单一电源供电。如果 V_{REF+} 接 5 V,V_{REF-} 接地,则信号输入电压范围为 0~5 V,此时的数字量变化范围为 0~255;如果输入电压范围为 0~2 V,但希望得到的数字量变化范围还是 0~255,则可采取使 V_{REF+} 接 2 V,V_{REF-} 仍然接地的方法。
- CLK:时钟信号输入端,决定 A/D 转换速率,时钟信号频率范围为 50~800 kHz。
- ALE:地址锁存允许信号,高电平有效,当此信号有效时,A、B、C 三位地址信号被锁存,译码选通对应模拟通道。
- START:启动转换信号,正脉冲有效,通常与系统 $\overline{WR}$ 信号相连,控制启动 A/D 转换。
- EOC:转换结束信号,高电平有效。表示一次 A/D 转换已完成,可作为中断触发信号,也可用程序查询的方法检测转换是否完成。
- OE:输出允许信号,高电平有效。可与系统读选通信号 $\overline{RD}$ 相连。当计算机发出此信号时,ADC0809 的三态门被打开,此时可通过数据线读到正确的转换结果。

表 9 - 22　　ADC0809 模拟通道选择

地址码			模拟通道号	地址码			模拟通道号
C	B	A		C	B	A	
0	0	0	IN0	1	0	0	IN4
0	0	1	IN1	1	0	1	IN5
0	1	0	IN2	1	1	0	IN6
0	1	1	IN3	1	1	1	IN7

（3）ADC0809 原理结构

ADC0809 的原理结构框图如图 9 - 26 所示。

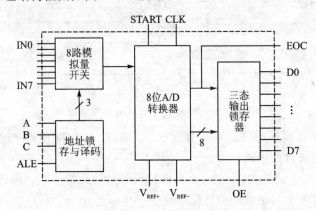

图 9 - 26　　ADC0809 原理结构框图

由图 9 - 26 可知，ADC0809 内部主要包括 4 部分。各部分主要作用如下。

① 多路模拟开关用于选择进入 ADC0809 的模拟通道信号，最多允许 8 路模拟量分时输入，共用 1 个逐次逼近式 A/D 转换器进行转换，这是一种经济的多路数据采集方法。

② 8 路模拟开关的切换由地址锁存和译码电路控制，模拟通道地址选择端（A、B、C 引脚端）通过 ALE 锁存，改变 A、B、C 的状态，可以切换 8 路模拟通道，选择不同的模拟量输入。

③ A/D 结果通过三态输出锁存器输出，因此，系统连接时，允许直接与单片机的数据总线相连。

（4）ADC0809 与 8051 单片机的接口

ADC0809 与单片机接口的电路图如图 9 - 27 所示。由于 ADC0809 内部无时钟，可利用 8051 单片机提供的地址锁存信号 ALE 经 D 触发器二分频后获得。ALE 脚的频率是 8051 单片机时钟频率的 1/6，如果单片机时钟频率为 6 MHz，则 ALE 引脚的频率为 1 MHz，再经过二分频后为 500 kHz，ADC0809 即可工作。

由于 ADC0809 具有输出三态缓冲器，故其 8 位数据输出线可直接与单片机的数据总线相连。8051 的低 8 位地址信号在 ALE 作用下，锁存在 74LS373 中。74LS373 输出的低 3 位分别加到 ADC0809 的通道选择端 A、B、C，作为通道编码。将单片机的 P2.7 作为片选信号，与 WR 进行或非操作得到一个正脉冲加到 ADC0809 的 ALE 和 START 引脚上。由于 ALE 和 START 连接在一起，因此，ADC0809 在锁存通道地址的同时也启动转换。在读取转换结果时，用单片机的读信号 $\overline{RD}$ 和 P2.7 引脚经或非门后产生的正脉冲作为 OE 信号，用以打开三态

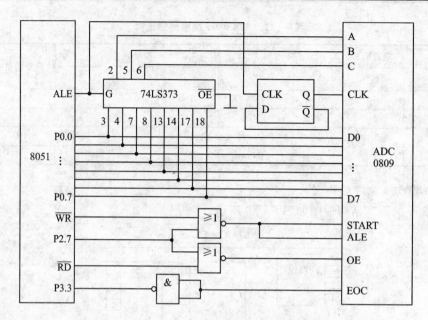

图 9-27　ADC0809 与单片机的硬件接口图

输出锁存器。显然,上述操作时,P2.7 应为低电平。ADC0809 的 EOC 端经一反向器连接到 8051 的 P3.3 端,作为查询或中断信号。

下面的子程序采用查询方式,分别对 8 路模拟信号轮流采样一次,并依次把转换结果存储到片内 RAM 以 DATA 为起始地址的连续单元中。

ADC:	MOV	R1,#DATA	;置数据区首地址
	MOV	DPTR,#7FF8H	;指向 0 通道
	MOV	R7,#08H	;置通道数
LOOP:	MOVX	@DPTR,A	;启动 A/D 转换
HER:	JB	P3.3,HER	;查询 A/D 转换是否结束
	MOVX	A,@DPTR	;读取 A/D 转换结果
	MOV	@R1,A	;存储数据
	INC	DPTR	;指向下一个通道
	INC	R1	;修改数据区指针
	DJNZ	R7,LOOP	;8 个通道转换是否完成
	RET		

9.7　数字钟的实例设计

9.7.1　设计要求

利用 AT89C51 的定时器和 4 位 7 段数码管,设计一个电子时钟。显示格式为"XX XX", 由左向右为:分(min)、秒(s)。

9.7.2 硬件设计

在运行 Proteus ISIS 的执行程序后,进入 Proteus ISIS 编辑环境,按表 9 - 23 所列的元件清单添加元件。

表 9 - 23 元件清单

元件名称	所属类	所属子类
AT89C51	Microprocessor ICs	8051 Family
7SEG - MPX4 - CC - BLUE	Optoelectronics	7 - Segment Displays
RES	Resistors	—
74LS244	TTL 74LS series	Transceivers

元件全部添加后,在 Proteus ISIS 的编辑区按图 9 - 28 所示的电路原理图连接硬件电路。

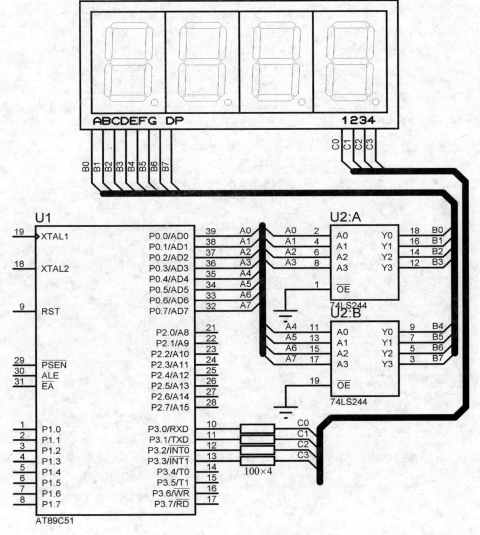

图 9 - 28 电路原理图

9.7.3 程序设计

该系统的参考程序如下：

	ORG	0000H	
	LJMP	MAIN	
	ORG	0030H	
;主程序			
MAIN：	MOV	30H,#00H	;显示区域清0
	MOV	31H,#00H	
	MOV	32H,#00H	
	MOV	33H,#00H	
	MOV	TMOD,#01H	;定时器 T0 定时方式 1
	MOV	DPTR,#TAB	
	MOV	R7,#250	;4 ms×250=1 s
MAIN_1：	ACALL	DISPLAY	
	DJNZ	R7,MAIN_1	
	INC	33H	;秒的个位数加 1
	MOV	A,33H	
	CJNE	A,#10,MAIN_1	;秒的个位数为 10 则清 0 并进位
	MOV	33H,#00H	
	INC	32H	;秒的十位数加 1
	MOV	A,32H	
	CJNE	A,#6,MAIN_1	;秒的十位数为 6 则清 0 并进位
	MOV	32H,#00H	
	INC	31H	;分的个位数加 1
	MOV	A,31H	
	CJNE	A,#10,MAIN_1	;分的个位数为 10 则清 0 并进位
	MOV	31H,#00H	
	INC	30H	;分的十位数加 1
	MOV	A,30H	
	CJNE	A,#6,MAIN_1	;分的十位数为 6 则清 0 并进位
	MOV	30H,#00H	
	AJMP	MAIN_1	
;显示子程序			
DISPLAY：	MOV	P3,#0FEH	;点亮最高位数码管
	MOV	A,30H	
	MOVC	A,@A+DPTR	
	MOV	P0,A	;分的十位数输出
	ACALL	DS1MS	;延时 1 ms
	MOV	P3,#0FDH	;点亮第二位数码管

```
            MOV         A,31H
            MOVC        A,@A+DPTR
            MOV         P0,A                    ;分的个位数输出
            ACALL       DS1MS                   ;延时 1 ms
            MOV         P3,#0FBH                ;点亮第三位数码管
            MOV         A,32H
            MOVC        A,@A+DPTR
            MOV         P0,A                    ;秒的十位数输出
            ACALL       DS1MS                   ;延时 1 ms
            MOV         P3,#0F7H                ;点亮最低位数码管
            MOV         A,33H
            MOVC        A,@A+DPTR
            MOV         P0,A                    ;秒的十位数输出
            ACALL       DS1MS                   ;延时 1 ms
            RET
;延时 1 ms 子程序
DS1MS:      MOV         TH0,#0FCH
            MOV         TL0,#43H
            SETB        TR0
LOOP:       JBC         TF0,NOOP
            SJMP        LOOP
NOOP:       CLR         TR0
            RET
TAB:        DB  3FH,06H,5BH,4FH,66H,6DH,7DH,07H,7FH,6FH
            END
```

9.7.4 调试与仿真

该设计的调试与仿真步骤如下：

① 打开 Keil μVision3，新建 Keil 项目。

② 选择 CPU 类型，此例中选择 ATMEL 的 AT89C51 单片机。

③ 新建汇编源文件（ASM 文件），编写程序，并保存。

④ 在 Project Workspace 子窗口中，将新建的 ASM 文件添加到 Source Group 1 中。

⑤ 在 Project Workspace 子窗口中的 Target 1 文件夹上右击，在弹出的快捷菜单中选择 Option for Target'Target 1'，则弹出 Options for Target 对话框，选择 Output 选项卡，在此选项卡中选中 Create HEX File 复选框。

⑥ 选择 Project→Build Target 编译程序。

⑦ 在 Proteus ISIS 中，将产生的 HEX 文件加入 AT89C51，并仿真电路，如图 9－29 所示，表示此时时间为：16 min 25 s。

图 9 - 29　电路仿真图

9.8　4×4 键盘的实例设计

9.8.1　设计要求

用 16 个复位按钮搭建一个 4×4 矩阵式小键盘,行线和列线分别接 AT89C51 单片机的 P3 口的低 4 位和高 4 位,并按 0～F 的顺序标号,当按下一个按键时,要求在 7 段数码管上显示相应的键号。

9.8.2　硬件设计

在运行 Proteus ISIS 执行程序后,进入 Proteus ISIS 编辑环境,按表 9 - 24 所列的元件清单添加元件。

表 9 - 24　元件清单

元件名称	所属类	所属子类
AT89C51	Microprocessor ICs	8051 Family
7SEG - CON - ANODE	Optoelectronics	7 - Segment Displays
RES	Resistors	—
BUTTON	Switch & Relays	Switches

元件全部添加后,在 Proteus ISIS 的编辑区按图 9 - 30 所示的电路原理图连接硬件电路。

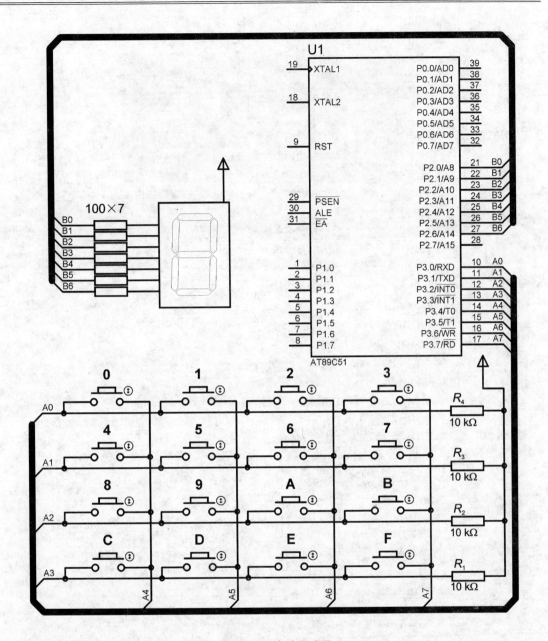

图 9 - 30　电路原理图

9.8.3　程序设计

每个按键都有它的行值和列值,行值和列值的组合就是识别这个按键的编码,计算公式为:键值=行号×行数+列号。

对于本实例来说,对应图 9 - 30,假设 8 号键按下,它所在的行号为 2,列号为 0,该键盘的行数为 4,则键值为 2×4+0=8。

该系统的参考程序如下:

```
              LINE          EQU           30H
              ROW           EQU           31H
              VAL           EQU           32H
              ORG           0000H
              LJMP          MAIN
              ORG           0030H
MAIN：        MOV           DPTR,#TAB                ;段码表首地址
              MOV           P2,#0FFH                 ;数码管显示初始化,不亮
LSCAN：       MOV           P3,#0F0H                 ;列线置高电平,行线置低电平
L1：          JNB           P3.0,L2                  ;逐行扫描
              ACALL         DELAY
              JNB           P3.0,L2
              MOV           LINE,#00H                ;存行号
              AJMP          RSCAN
L2：          JNB           P3.1,L3
              ACALL         DELAY
              JNB           P3.1,L3
              MOV           LINE,#01H                ;存行号
              AJMP          RSCAN
L3：          JNB           P3.2,L4
              ACALL         DELAY
              JNB           P3.2,L4
              MOV           LINE,#02H                ;存行号
              AJMP          RSCAN
L4：          JNB           P3.3,L1
              ACALL         DELAY
              JNB           P3.3,L1
              MOV           LINE,#03H                ;存行号
RSCAN：       MOV           P3,#0FH                  ;行线列线电平互换
C1：          JNB           P3.4,C2                  ;逐列扫描
              ACALL         DELAY
              JNB           P3.4,C2
              MOV           ROW,#00H                 ;存列号
              AJMP          CALCU
C2：          JNB           P3.5,C3                  ;逐列扫描
              ACALL         DELAY
              JNB           P3.5,C3
              MOV           ROW,#01H                 ;存列号
              AJMP          CALCU
C3：          JNB           P3.6,C4                  ;逐列扫描
              ACALL         DELAY
              JNB           P3.6,C4
```

```
                MOV         ROW,#02H                    ;存列号
                AJMP        CALCU
C4:             JNB         P3.7,C1                     ;逐列扫描
                ACALL       DELAY
                JNB         P3.7,C1
                MOV         ROW,#03H                    ;存列号
CALCU:          MOV         A,LINE                      ;根据行号和列号计算键值
                MOV         B,#4
                MUL         AB
                ADD         A,ROW
                MOV         VAL,A                       ;存键值
                MOVC        A,@A+DPTR                   ;根据键值查段码
                MOV         P2,A                        ;输出段码显示
                AJMP        LSCAN
DELAY:          MOV         R6,#20
D1:             MOV         R7,#250
                DJNZ        R7,$
                DJNZ        R6,D1
                RET
TAB:            DB          0C0H,0F9H,0A4H,0B0H,99H,92H,82H,0F8H
                DB          80H,90H,88H,83H,0C6H,0A1H,086H,08EH
                END
```

9.8.4 调试与仿真

该设计的调试与仿真步骤如下：

① 打开 Keil μVision3，新建 Keil 项目。

② 选择 CPU 类型，此例中选择 ATMEL 的 AT89C51 单片机。

③ 新建汇编源文件（ASM 文件），编写程序，并保存。

④ 在 Project Workspace 子窗口中，将新建的 ASM 文件添加到 Source Group 1 中。

⑤ 在 Project Workspace 子窗口中的 Target 1 文件夹上右击，在弹出的快捷菜单中选择 Option for Target 'Target 1'，则弹出 Options for Target 对话框，选择 Output 选项卡，在此选项卡中选中 Create HEX File 复选框。

⑥ 选择 Project→Build Target 编译程序。

⑦ 在 Proteus ISIS 中，将产生的 HEX 文件加入 AT89C51，并仿真电路，如图 9-31 所示，表示按键"6"被按下。

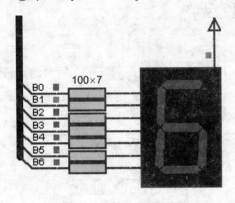

图 9-31 电路仿真图

9.9　数字电压表的实例设计

9.9.1　设计要求

利用单片机 AT89C51 和 ADC0808 设计一个数字电压表,能够测量 0~5 V 之间的直流电压值,通过 4 位数码管显示。

9.9.2　ADC0808 芯片介绍

ADC0808 是带有 8 位 A/D 转换器、8 路多路开关及微处理机兼容的控制逻辑的 CMOS 组件,它是逐次逼近式 A/D 转换器,可以和单片机直接相连。

ADC0808 的模拟量输入通道共计 8 条,即 IN0~IN7。ADC0808 对输入模拟量的要求是:信号单极性;电压范围是 0~5 V;输入端模拟量在转换过程中应保持不变。若信号太小,则必须进行放大;若模拟量变化太快,则需在输入前增加采样保持电路。

ADC0808 的地址输入和控制线共计 4 条。ALE 为地址锁存允许输入线,高电平有效。当 ALE 为高电平时,地址锁存与译码器将 A、B、C 三条地址线的地址信号进行锁存,经译码后被选中的通道的模拟量进转换器进行转换。A、B、C 为地址输入线,用于选通 IN0~IN7 上的模拟量输入。

ADC0808 数字量输出及控制线共计 11 条,ST 为转换启动信号。当 ST 为上升沿时,所有内部寄存器清 0;为下降沿时,开始进行 A/D 转换,在转换期间,ST 应保持低电平。EOC 为转换结束信号。当 EOC 为高电平时,表明转换结束;否则,表明正在进行转换。OE 为输出允许信号,用于控制输出锁存器向单片机输出转换得到的数据。当 OE 为高电平,输出转换得到的数据;当 OE 为低电平,输出数据线呈高阻状态。D7~D0 为数字量输出线。CLK 为时钟输入信号线,通常使用频率为 500 kHz。V_{REF} 为参考电压输入引脚。

ADC0808 内部带有输出锁存器,可以与 AT89C51 单片机直接相连。初始化时,使 ST 和 OE 信号全为低电平。传送要转换的通道的地址到 A、B、C 端口上。在 ST 端给出一个至少有 100 ns 宽的正脉冲信号。是否转换完毕,可根据 EOC 信号来判断。当 EOC 变为高电平时,表示转换完成,这时 OE 为高电平,转换的数据输出到单片机。

9.9.3　硬件设计

在运行 Proteus ISIS 执行程序后,进入 Proteus ISIS 编辑环境,按表 9 - 25 所列的元件清单添加元件。

表 9 - 25　元件清单

元件名称	所属类	所属子类
AT89C51	Microprocessor ICs	8051 Family
ADC0808	Data Converters	A/D Cconverters
74LS244	TTL 74LS series	Transceivers

元件名称	所属类	所属子类
7SEG – MPX4 – CA	Optoelectronics	7 – Segment Displays
POT – HG	Resistors	Variable

元件全部添加后,在 Proteus ISIS 的编辑区按图 9 – 32 所示的电路原理图连接硬件电路。

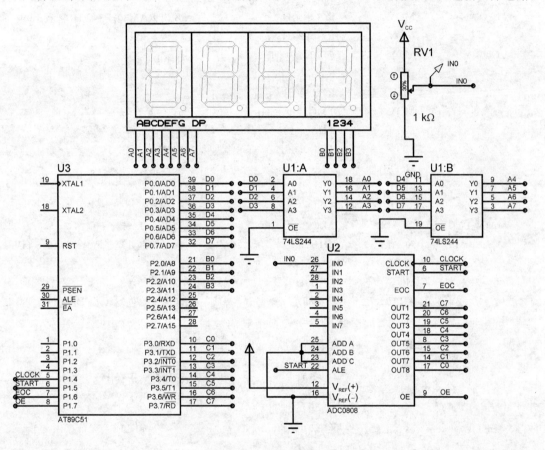

图 9 – 32　电路原理图

9.9.4　程序设计

　　由于 ADC0808 在进行 A/D 转换时需要有 CLK 信号,而此时的 ADC0808 的 CLK 是接在单片机的 P1.4 端口上,也就是要求从 P1.4 端口能够输出 CLK 信号供 ADC0808 使用。因此,CLK 信号就要用软件来产生。

　　该系统的参考程序如下:

```
CLOCK          BIT          P1.4
START          BIT          P1.5
EOC            BIT          P1.6
```

```
                OE          BIT         P1.7
                AD_DATA     EQU         30H             ;存放 A/D 采样数据
                ORG         0000H
                SJMP        MAIN
                ORG         000BH
                AJMP        INT_T0
                ORG         0030H
MAIN：          MOV         R0,#30H                     ;片内 RAM30H~4FH 单元清 0，
                MOV         R7,#20H
LOOP：          MOV         @R0,#00H
                INC         R0
                DJNZ        R7,LOOP
                MOV         TMOD,#12H
                MOV         TH0,#245
                MOV         TL0,#00H
                SETB        EA
                SETB        ET0
                SETB        TR0
MAIN_1：        ACALL       ADC                         ;调用 A/D 转换子程序
                ACALL       CHULI                       ;调用数据处理子程序,乘 19.5 mV
                MOV         R6,35H
                MOV         R7,36H
                ACALL       H_BCD                       ;调用十六进制转 BCD 码
                MOV         38H,R3
                MOV         39H,R4
                MOV         3AH,R5
                ACALL       FENLI                       ;调用分离子程序
                ACALL       DISPLAY                     ;调用显示子程序
                ACALL       DELAY
                AJMP        MAIN_1
INT_T0：        CPL         CLOCK                       ;提供 ADC0808 时钟信号
                RETI
;AD 转换子程序查询方式
ADC：           CLR         START
                SETB        START
                CLR         START
                JNB         EOC,$                       ;启动 A/D 转换
                SETB        OE
                MOV         AD_DATA,P3
                CLR         OE
                RET
```

```
;延时子程序
DELAY:      MOV         40H,#100
DELAY_1:    ACALL       DISPLAY
            DJNZ        40H,DELAY_1
            RET
;数据处理子程序,乘 19.5 mV,结果放入 35H(高)、36H 单元
CHULI:      MOV         A,AD_DATA
            MOV         B,#195
            MUL         AB
            MOV         35H,B
            MOV         36H,A
            RET
;十六进制转 BCD 子程序,源操作数 35H(高)、36H 单元,转换结果 38H(高)、39H、3AH 单元
H_BCD:      CLR         A               ;BCD 码初始化
            MOV         R3,A
            MOV         R4,A
            MOV         R5,A
            MOV         R2,#10H         ;转换双字节十六进制整数
H_BCD_1:    MOV         A,R7            ;从高端移出待转换数的一位到 CY 中
            RLC         A
            MOV         R7,A
            MOV         A,R6
            RLC         A
            MOV         R6,
            MOV         A,R5            ;BCD 码带进位自身相加,相当于乘 2
            ADDC        A,R5
            DA          A               ;十进制调整
            MOV         R5,A
            MOV         A,R4
            ADDC        A,R4
            DA          A
            MOV         R4,A
            MOV         A,R3
            ADDC        A,R3
            MOV         R3,A            ;双字节十六进制数的万位数不超过 6,不用调整
            DJNZ        R2,H_BCD_1      ;处理完 16 bit
            RET
;分离子程序,源操作数 38H(高)、39H、3AH 单元,分离结果放入 40H(高)~45H 单元
FENLI:      MOV         A,38H
            ANL         A,#0F0H
            SWAP        A
            MOV         40H,A
            MOV         A,38H
```

```
            ANL         A,#0FH
            MOV         41H,A
            MOV         A,39H
            ANL         A,#0F0H
            SWAP        A
            MOV         42H,A
            MOV         A,39H
            ANL         A,#0FH
            MOV         43H,A
            MOV         A,3AH
            ANL         A,#0F0H
            SWAP        A
            MOV         44H,A
            MOV         A,3AH
            ANL         A,#0FH
            MOV         45H,A
            RET
;显示子程序
DISPLAY:    MOV         DPTR,#TAB1
            MOV         R0,#42H
            MOV         R7,#3
            MOV         R2,#02H
DSP_1:      MOV         P2,#01H
            MOV         A,41H
            MOVC        A,@A+DPTR
            ANL         A,#7FH
            MOV         P0,A
            ACALL       DS1MS
            MOV         P2,R2
            MOV         A,@R0
            MOVC        A,@A+DPTR
            MOV         P0,A
            ACALL       DS1MS
            INC         R0
            MOV         A,R2
            RL          A
            MOV         R2,A
            DJNZ        R7,DSP_1
            RET
DS1MS:      MOV         TH1,#0FCH
            MOV         TL1,#18H
            SETB        TR1
```

```
DS1MS_1:    JBC        TF1,DS1MS_2
            SJMP       DS1MS_1
DS1MS_2:    CLR        TR1
            RET
TAB1:       DB   0C0H,0F9H,0A4H,0B0H,99H,92H,82H,0F8H,80H,90H
            END
```

9.9.5　调试与仿真

该设计的调试与仿真步骤如下：

① 打开 Keil μVision3，新建 Keil 项目。

② 选择 CPU 类型，此例中选择 ATMEL 的 AT89C51 单片机。

③ 新建汇编源文件（ASM 文件），编写程序，并保存。

④ 在 Project Workspace 子窗口中，将新建的 ASM 文件添加到 Source Group 1 中。

⑤ 在 Project Workspace 子窗口中的 Target 1 文件夹上右击，在弹出的快捷菜单中选择 Option for Target'Target 1'，则弹出 Options for Target 对话框，选择 Output 选项卡，在此选项卡中选中 Create HEX File 复选框。

⑥ 选择 Project→Build Target 编译程序。

⑦ 在 Proteus ISIS 中，将产生的 HEX 文件加入 AT89C51，并仿真电路，如图 9-33 所示，表示被测电压的真值为 1.50002 V，实测值为 1.501 V。

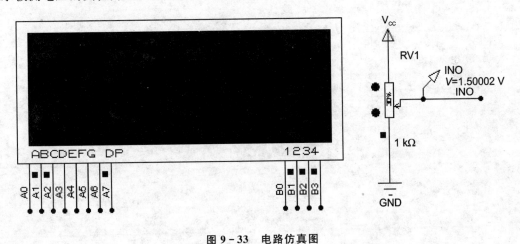

图 9-33　电路仿真图

习　题

1. 一个 8051 应用系统，扩展了一片 27256 程序存储器和一片 6264 数据存储器组成的一个既有程序存储器又有数据存储器的存储器扩展系统。请画出逻辑连接图，并说明各芯片的地址范围。

2. 在采用 8255 扩展 I/O 口时，若把 8255 A 口每一位接一个开关，B 口每一位接一个发光二极管。请编写 A 口开关控制 B 口相应位发光二极管点亮的程序。

3. 静态显示方式和动态显示方式各有什么特点？说明它们的显示过程。

4. 什么是键盘的抖动？为什么要对键盘进行消除抖动处理？如何消除键盘的抖动？

5. 说明非编码键盘中矩阵键盘的处理过程。

6. 用串行口扩展 4 个发光数码管显示电路，编程使数码管轮流显示"ABCD"和"EFGH"，每秒钟变换 1 次。

7. 设计 1 个用 AT89S51 单片机控制的显示与键盘应用系统，要求外接 4 位 LED 显示器，4 个按键，试画出该部分的接口逻辑电路，并编写相应的显示子程序和读键盘子程序。

8. 什么是 D/A 转换器？简述 T 形电阻网络转换器的工作原理。

9. DAC0832 与 AT89S51 单片机连接时有哪些控制信号？其作用各是什么？

10. 在一个晶振频率为 12 MHz 的 AT89S51 应用系统中，接有 1 片 DAC0832，它的地址为 7FFFH，输出电压为 0～5 V。请画出有关逻辑框图，并编写一个程序，使其运行后，DAC 能输出一个矩形波，波形占空比为 1：4。高电平时电平为 2.5 V，低电平时电平为 1.25 V。

11. 试说明逐次逼近式 A/D 转换器的工作原理。

12. 利用 ADC0809 对模拟信号进行采集，要求每分钟采集一次，编出对 8 路信号采集一遍的程序，并画出电路图。

参考文献

[1] 何立民.单片机应用系统设计[M].北京:北京航空航天大学出版社,1993.

[2] 张迎新等.单片机初级教程[M].北京:北京航空航天大学出版社,2000.

[3] 朱月秀.单片机原理与应用[M].北京:科学出版社,2004.

[4] 宁凡,王宇.51单片机基础教程[M].北京:北京航空航天大学出版社,2008.

[5] 李全利.单片机原理及应用技术[M].北京:高等教育出版社,2001.

[6] 周润景,袁伟亭,景晓松.Proteus在MCS-51&ARM7系统中的应用百例[M].北京:电子工业出版社,2006.

[7] 徐煜明,韩雁.单片机原理及应用教程[M].北京:电子工业出版社,2003.

[8] 高卫东,辛友顺,韩彦征.51单片机原理与实践[M].北京:北京航空航天大学出版社,2008.

[9] 高锋.单片微型计算机原理与接口技术[M].北京:科学出版社,2003.